間違いが多い
電気知識

新原 盛太郎

東京図書出版

はじめに

　電気の世界は、アマチュアの方も多数参加されているので、その他の学問と違い広く知られているように見えますが、意外にきちんとした知識が普及していないように思います。そこで電気に初めて接する人にもわかりやすい解説書を書く必要を感じ、この本を作成しました。多くの人の役に立ってほしいと願っています。

２０１８年　新原　盛太郎

目次

はじめに   i

第1章　電気の基礎とは   1
1.1　マックスウエルの式と三つの波   1
1.2　分布定数と集中定数って何   2
1.3　基準はどこに   3

第2章　集中定数は存在する？   5
2.1　電圧は二種類、電流も二種類   5
2.2　物質の式（三つの素子）   8
2.3　集中定数についての取り決め   12
2.4　電気のみなもと   13
2.5　その他の素子は？   15
2.6　素子と素子のつなぎ方   17
2.7　やってはならないこと   18

第3章　電気回路の意外な知識   21
3.1　電気の基礎式の主な定理には？   21
3.2　回路の表現にはどの様な方法が？   23
3.3　シミュレータと回路設計   24
3.4　直流と交流   26

第4章　回路の表現は   31
4.1　どの様な単位があるの？   31
4.2　数値の取り扱い方   31

第5章　半導体の扱い方   35
5.1　等価回路に置き換える   35
5.2　高周波と低周波って何？   39

5.3	設計者に必要な公式	42
5.4	直流と交流の電流増幅率	44
5.5	雑音は嫌われ者？	44

第 6 章　電子回路は考える学問　　47

6.1	電圧源および電流源	47
6.2	電卓だけで出来る回路設計	50
6.3	帰還増幅器	53
6.4	演算増幅器	55
6.5	発振器	58
6.6	変復調器	60
6.7	符号化方式とは？	63
6.8	その他の電子回路	63

付録 A　付録（規格集）　　65

A.1	公称値に対する規定	65
A.2	抵抗の規格	66
A.3	容量の規格	67
A.4	コイルの規格	68

付録 B　基礎の詳細説明　　69

B.1	マックスウエルの式	69
B.2	集中定数であるための条件	69

付録 C　集中定数の詳細説明　　71

C.1	物質の式の詳細説明	71

付録 D　定理などの詳細説明　　75

D.1	その他の定理について	75
D.2	直流回路図と交流回路図	78

付録 E　電子回路の詳細説明　　81

E.1	ボード線図の詳細説明	81
E.2	帰還増幅器の詳細説明	83
E.3	発振器の説明	85
E.4	変復調器の詳細説明	87

おわりに　　93

参考文献	95
索引	96

第 1 章

電気の基礎とは

電気の法則には、アンペアの法則、 ビオ・サバールの法則など 色々ありますが、それらの電気に関する法則をまとめ全ての現象を説明しているのが、この後に述べるマックスウエルの式です。

マックスウエルの式とは、イギリスの物理学者マックスウエルが、それまで求められていた電気・磁気に関する法則を体系だった四つの式に纏めた式であり、全ての電気・磁気に関する現象が説明できます。

そのため電気について体系的に理解するためには、このマックスウエルの式から始めることが一番良いと思われます。

1.1 マックスウエルの式と三つの波

マックスウエルの式の詳細については、 付録 B を参照して下さい。

1.1.1 マックスウエルの式

マックスウエルの式は、ベクトル式と呼ばれ、非常に複雑な式になっていますが、解析的に解くことが出来ます。解析的とは、数字を当てはめて解くのではなく、式を変形して解を求める方法です。

マックスウエルの式で注意しなければならない点があります。それは物質の性質を表現するパラメータが含まれていないことです。つまりこの式から得られる結果は物質が存在しない所での結果となります。このパラメータについては、後ほど説明します。

1.1.2 三つの波

マックスウエルの式を解くと三つの波 (電磁波) が出てきます。

その三つの波とは、次の波です。この三つの解には各々名前がつけられており、TEM 波

(Transverse Electro Magnetic Wave)、TE 波 (Transverse Electric Wave)、TM 波 (Transverse Magnetic Wave) と呼ばれ ています。

このうち一般に知られている電圧、電流の概念を用いることが出来るのは、TEM 波のみです。 その他の波には、電圧、電流の概念は存在しません。 電圧、電流の概念が存在しない TE 波、TM 波は、マイクロ波理論において用いられている波であり、 本著においては取り扱いません。このように電圧や電流が存在しない電気の波も存在するのです。

電圧や電流が存在しない波としての一つの例は、電波です。空中を飛び交う電波 には、電圧や電流が存在していないことはすぐに分かると思います。電気の全てをきちんと理解するためには、電圧や電流が存在しない世界も理解する必要があります。

1.2　分布定数と集中定数って何

三つの波は、分布定数と集中定数とに分ける ことが出来ます。

分布定数では、一方から入った信号が他方から出ていくまでに時間が必要であることに対して、集中定数は入ってきた信号が同時間に片方から出ていくことを指しています。

このことを数式で表現しますと、集中定数であるための条件として、次のように与えられます。この式の証明は、付録 B を参照して下さい。この式は、対象物を分布定数として扱うかあるいは集中定数として扱うかを判断する目安を与えてくれます。

$$\frac{\omega\ell}{c} \ll 1 \tag{1.1}$$

ここで

ℓ は物質の信号入力端から出力端までの長さ

$\omega = 2\pi f$ は信号の周波数

c は物質中の電磁波（光）の速さです。

この式は回路設計において非常に 役に立ちます。分布定数として回路を設計するためには、かなり複雑な計算が必要ですが、正確に結果が得られます。それに対して集中定数として計算する場合は、分布定数として計算するよりも遥かに簡単に計算が出来ます。しかしその分、結果が誤差を含んだものとなり、特に信号の周波数が高くなればなるほどその誤差は、大きくなります。

集中定数のように、現実には入ってきた信号が同時間に他方から出ていくことは絶対にありませんが、電気の問題を考える場合、このような非現実的なことを考えることによって、電気理論を比較的簡単な問題として扱えるようになります。

後に色々な素子について話をしますが、それらの素子も 非現実な素子を導きます。つまり集中定数素子とは、現実には存在しえない世界を考えることによって計算をより簡単に求めるための一つの手法といえます。

1.3 基準はどこに

しかしここで大きな混乱が生じます。現実に存在するものは全て分布定数なのですが、現実の名前と回路における理想素子とで同じ名称が使われているため勘違いをする人がいるということです。大切なことは、現実の世界と現実には存在しない電気電子で用いられる素子とをきちんと区別することです。

これまでの話を整理してみますと、次の図のようになります。

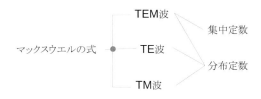

図 1.1　電磁波の系統図

1.3 基準はどこに

あらゆる自然界の法則を現実の世界に結びつけるためには、何らかの基準点を決める必要があります。これは自然界の法則が相対的な量しか扱っていないためです。

電気の場合の基準は、色々考えられています。物理として基準を考えるときは、無限遠方を基準、つまりポテンシャルゼロとしています。回路の場合、強電つまり大電圧の場合には基準として地球をゼロ電圧とするのが普通です。弱電、例えばテレビとかラジオのように低い電圧しか扱わない場合には、通常素子が一番集まった所、言い換えると電力を供給する電源のマイナス側を基準としています。ただしステレオ回路のように電源を二つ使うような場合には、二つの電源の中央を基準としています。

基準の取り方は、上記の例から推測できますように、何処にとっても全く問題ありません。しかし任意の場所に基準を定めてしまいますと、後の計算が非常に複雑なものになってしまいますので、上記のような場所を基準とするほうが良いでしょう。

基準について興味深い話が有ります。例えばトランスを用いて分かれている場合、二つの回路に別々の基準を取ることがあります。この場合一方の回路に対してもう一方の回路はフローティング（浮いている）と呼ばれます。その具体例としてテレビの回路が有ります。具体的に言いますとコンセント側とテレビ内部の回路とはトランスによってつながれていますが、テレビ内部の回路はフローティングとなっています。

このようなフローティングの回路は、慎重に扱う必要があります。うっかりして二箇所別の回路に接続したりしますと、極端な電流が流れその結果素子の破壊に繋がる恐れがあります。

第 2 章

集中定数は存在する？

　集中定数は、色々な素子を点として表現する ということですから現実にはありえないことですが、このような極端なことを考えることにより回路の計算が非常に楽になります。ここではこの集中定数の定義と意味を考えていくことにします。

2.1　電圧は二種類、電流も二種類

　先程述べましたように、TEM 波だけに 電圧・電流という概念が存在しています。
　しかし電圧は二種類、電流も二種類存在していることをご存知でしょうか。

2.1.1　端子電圧と枝電圧

　電圧の二種類とは、端子電圧と枝電圧です。 端子電圧とは、ある基準点と測定している点の間に存在する電圧のことです。
　枝電圧とは、この後説明します素子の両端に生じる電圧（素子の端子電圧の差）のことを示しています。
　この端子電圧と枝電圧は、お互い独立した概念で、一対一で対応しています。つまり一方からもう一方を求めることが出来ます。
　それらの関係を示す図を、次に示しておきます。

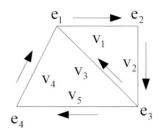

図 2.1 端子電圧と枝電圧

この図の中で e は端子電圧、v は枝電圧を示しています。

この図を用いた二つの電圧の関係式については、付録 C に示しておきます。

2.1.2 閉路電流と枝電流

電流の二種類とは、閉路電流と枝電流です。二次元の回路[*1]の場合、閉路電流を 網目電流とも呼んでいます。閉路電流とは、ある点から出発して回路を回って元の点に戻るまでに存在している電流です。枝電流とは、素子の中を流れる電流のことです。

電圧と同じように、閉路電流と枝電流は、お互い独立した概念で、一対一で対応しています。つまり一方からもう一方を求めることが出来ます。

それらの関係を示す図を、次に示しておきます。

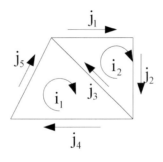

図 2.2 閉路電流と枝電流

この図の中で i は閉路電流、j は枝電流を示しています。

この図を用いた二つの電流の関係式については、付録 C に示しておきます。

[*1] 平面で交差すること無く素子を接続することが出来る回路

2.1.3 現実の使われ方

電圧は二種類、電流も二種類存在すると話しましたが、日常生活ではどのように使い分けられているのでしょうか。このことについて、少し詳しく話をしてみましょう。

日常の生活では、主に端子電圧と枝電圧、それと枝電流が多く用いられています。電圧では二つの概念が使われていますが、おそらく大部分の人は、気がつかないで使い分けているようです。

例えば家庭のコンセントの電圧は、端子電圧を使っています。乾電池の電圧は、1.5 [V] と皆さん知っていますが、この電圧は枝電圧です。コンセントの電圧は、地球を基準にしています。つまりコンセントの穴の一方は、地面につながっています。各家庭に電柱からつながれている線は一本しかありませんよね。乾電池には、プラスの端子とマイナスの端子があります。プラスの端子あるいはマイナスの端子の端子電圧は、値がいくらかは分かりません。つまり基準点が決まっていないので、決まらないと言うことです。

閉路電流は、日常生活では殆ど使われていません。その理由として閉路電流は、私たちにとって少々考えにくいからだと思われます。

2.1.4 独立変数はどれ

今まで述べてきましたように、電圧は二種類、電流は二種類あることが分かりました。つまり四種類の変数が存在していることになります。では電気回路では、独立変数としてどのような変数を選ぶ必要があるかということですけれど、実は電圧と電流とは全く独立した概念として扱うべきなのです。つまり電圧は電圧だけ、電流は電流だけの独立した概念なのです。言葉を換えて言えば、電圧と電流は、特別な条件を考えない限り独立した概念であるということです。

例えば電圧だけが存在して電流が存在しない場合があります。その良い例が冬の乾燥しているときに、ドアノブをつかもうとすると静電気で火花が飛び痛い思いをしたことがあると思います。火花が飛ぶ前には、ノブの所に電気が蓄積され、電流は存在しないけれど電圧だけが存在しています。

別の例で超伝導という現象があります。これは半永久的に電流が流れ続けている現象です。この場合電圧は存在しておらず、電流だけが存在しています。

回路の問題を考えるときは、電圧の二種類、電流の二種類の四つの中から一つを独立変数とします。何だかおかしいように感じるかもしれませんが、何も問題は生じません。

このように電圧と電流とは、全く独立した概念であることを知っておく必要があります。よく電圧と電流は、オームの法則で結び付けられ、この法則が電気の基本法則と勘違いしている人が多いようですが、後に説明しますけれどオームの法則は電圧と電流の間の

近似式に過ぎず、しかも特殊な場合のみにしか成立しません。一般的に物質によって大きく変化しますが、電圧と電流の関係は非線形となります。つまり電圧は、電流の一次・二次・三次などの高次の関数の集まりとなります。一次関数は非常に特殊な場合のみです。

半導体の等価回路が発達している今日では回路方程式を書いて問題を解く人は、シミュレーションのソフトウエア開発者ぐらいです。回路設計者には、必要ない作業ですので、これ以上深く議論することは止めます。

2.1.5 電圧と電流どちらが大事

ここでちょっと寄り道して、電圧と電流とはどちらが重要なのかを考えてみます。結論は、どちらも重要です。

昔のブラウン管テレビの場合、電子を映像信号に応じて動かす必要がありました。このとき必要なのは電流ではなく主に電圧です。

LED を光らせるためには、電圧は余り必要ではありません。むしろ電流を一定に供給することが重要です。

電力を供給するため、例えば水力発電所から山や丘を越えて送電線をめぐらし各家庭にまで電気を送っていますよね。電気の何を送っているかご存知ですか。送らなければならないのは、電圧でも電流でもありません。必要なのは電力つまりエネルギーです。電力は単位時間あたりのエネルギーで、$P = V \times I$ で与えられるますよね。大きな電力を送るために電流ではなく電圧を大きくして送っています。危険防止のため高い鉄塔を建て、人に触れないようにしています。もし電流を大きくしますと、電力を送るため太い送電線が必要になります。細いと熱のため溶けてしまうからです。

半導体の過去の発展の歴史は、よく微細化だと言われます。その結果集積回路の省電力化が実現されてきています。この発展を支えている大きな要因は、次のような理由があります。電力 $P = V \times I$ の P の値（電力）を減少するため、電流 I の値を保ちつつ、電圧 V を減少させてきました。これは回路にとって電圧はそれほど重要ではなく、電流が重要でこの値が集積回路の性能を支配している点にあります。

2.2　物質の式（三つの素子）

自然界で物質の性質を表すパラメータは、全部で三つです。そのパラメータとは、導電率 σ、誘電率 ε、透磁率 μ です。これらのパラメータには、電気・磁気との間にある関係式が存在します。付録 C にこれらのパラメータと電気・磁気との関係式を載せておきましたので参照して下さい。

自然界のすべての物質には、これら三つのパラメータがすべて含まれ複雑な割合で混在しています。しかしこのような複雑な割合のままでは、電気理論としてはあまりにも複雑

2.2 物質の式（三つの素子）

になるため、このままでは使い物になりません。そこで非常に特殊な場合を考えます。つまり一つのパラメータだけが含まれ、その他のパラメータは全く含まれていないという特殊な物質を考えるのです。この特殊な物質については、次に話をしていくことにしましょう。

自然界には先に述べたように、このような特殊な物質は存在しませんので、自然界に存在する物質をどのように考え解釈すればよいのでしょうか。自然界の物質は、このように考えた特殊な物質が、混在しているとみなします。つまり自然界の物質は、特殊な物質の集合体と考えるのです。

2.2.1 抵抗

電気理論で扱う抵抗には、集中定数という条件以外に更に次の条件が必要になります。

1. 集中定数である。
2. σ のみが支配的である。$(\varepsilon = \mu = 0)$
3. 至る所 σ が定数である、つまり均一である。
4. 電流が均一に流れる。

上記の最後の「電流が均一に流れる」という仮定は、自然界では実現できません。例えば銅線の内部を流れる電子を考えてみます。ご存知のように電子は、マイナスの電気を持っていますよね。同じ符号の電気はお互いに反発することはご存知だと思います。つまり電流はお互いに反発し、その結果銅線の外側の方が電流密度が大きくなります。つまり一般的に電流は均一には流れないのです。

以上の様な仮定が成り立つとき、図 2.3 のような微小な円柱を考えます。

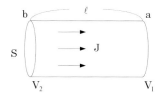

図 2.3 円柱

電流 i は、電流密度を表しているとします。面積を用いて、次の関係式が得られます。

$$i = \mathbf{j} \cdot \mathbf{S} \qquad (2.1)$$

電圧は a 点の電位を V_1、b 点の電位を V_2 とすれば電界との関係式として、次式が得られます。

$$V_2 - V_1 = E\ell \qquad (2.2)$$

次に付録の (C.1) 式と (2.1) 式を (2.2) 式に代入して、

$$V_2 - V_1 = \frac{\ell}{S\sigma} i \tag{2.3}$$

ここで

$$R = \frac{\ell}{S\sigma} \tag{2.4}$$

と置きますと、次の電圧・電流の関係式が得られます。

$$V_2 - V_1 = Ri \tag{2.5}$$

先程述べましたように、勿論様々な条件が成立しない場合には、$i = f(v)$ として扱わねばなりません。

抵抗の単位は、オームで、Ω という記号を使います。

2.2.2 容量

電気理論で扱う容量には、次の条件が 必要になります。

1. 集中定数である。
2. ε のみが支配的である。($\sigma = \mu = 0$)
3. 至る所 ε が定数である、つまり均一である。
4. 電束が均一である。

電束つまり電界の束のことですが、抵抗の電流と同じように均一でなければなりません。自然界では次に示しています円盤のような場合、円盤の外にまで電束が広がっています。

この様な条件が成り立つとき、図 2.4 のような平行板を考えます。

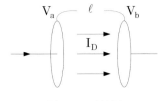

図 2.4 平行板

途中の式を省略して、結果だけを述べますと、次の式が得られます。

$$q = C(v_a - v_b) \tag{2.6}$$

2.2 物質の式（三つの素子）

ここで

$$C = \varepsilon \frac{S}{\ell} \tag{2.7}$$

この場合も様々な条件が成立しない場合には、抵抗の場合と同様に、容量の一般式は $q = f(v)$ としなければなりません。

容量の単位は、ファラッドで、F という記号を用います。

2.2.3 コイル

電気理論で扱うコイルには、次の条件が必要になります。

1. 集中定数である。
2. μ のみが支配的である。$(\sigma = \varepsilon = 0)$
3. 至る所 μ が定数である、つまり均一である。
4. 磁束が均一でなければならない。

抵抗や容量と同じように、磁束つまり磁界の束は均一にはなりません。

この様な条件が成り立つとき、図 2.5 のようなコイルを考えます。

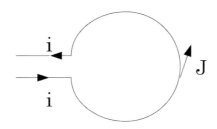

図 2.5　コイル

この場合も途中の式を省略して結果だけを述べますと、次の式が得られます。

$$v_b - v_a = \frac{d}{dt}(Li) \tag{2.8}$$

この式の L は、次のように表すことが出来ます。

$$L = \frac{\Phi}{i} \tag{2.9}$$

ここで

$$\Phi = \int \mathbf{B} \cdot d\mathbf{S} \tag{2.10}$$

であり、(2.9) 式と組み合わせて磁束と電流 の線形な関係式となります。コイルの場合も抵抗・容量と同様に一般的には、$i = f(v)$ となります。

コイルの単位は、ヘンリーで、H という記号を用います。

2.3 集中定数についての取り決め

物質が存在する場合、電圧が存在すると電流が生じます。また電流が存在すると電圧が生じます。このような場合について考えていきます。

2.3.1 電圧と電流の向き

この電圧と電流の向きには、世界共通の約束事があります。それは次の図のように与えられます。

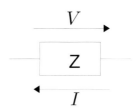

図 2.6 電圧・電流の向き

この図の中で電圧の矢印は、矢印の頭のほうが電圧を高くなるように決めます。電流の場合の矢印は、矢印の方向へ電流が流れるように決めます。

この矢印は、実際に加えられている電圧あるいは実際に流れている電流の向きではありません。例えば回路方程式を書くとき、実際の電圧や電流の向きが分かっていないときなど仮の向きとして矢印を決めます。この仮の向きに対して式 $V = Z \times I$ が成立するということです。

2.3.2 電圧源の場合

電圧源の場合は、電圧の矢印だけが存在します。電流は決まっていないということです。つまりどちら向きにいかなる電流も流れうるということを意味しています。このように電圧源は、必ず電圧源のプラスの端子から流れ出すとは決まっていません。

2.3.3　電流源の場合

電流源の場合は、電流の矢印だけが存在します。電圧は決まっていないということです。つまりどちら向きにいかなる電圧も発生していることを意味しています。電圧源の場合と同様に、電流が流れ出す端子が電圧が高いとは限りません。

2.4　電気のみなもと

電気回路を動かすためには、電力つまり エネルギーが必要です。 TEM 波の場合、電圧・電流が存在しますので、この概念に合わせて電圧源・電流源が考えられています。先程述べましたように、電圧と電流とは独立した概念ですので、それに応じて各々電圧源・電流源が考えられています。

実はこれら二つの電源だけでは、回路を構成するには不足なのです。能動素子（昔は真空管、今は半導体） の動作を表現するためには、更に従属電源という電源が必要に なります。しかもこの従属電源は、従属という言葉が使われているように、何に従属するか、その結果何になるかということが問題です。入力側は二種類、出力側も二種類考えられます。その結果四通りの従属電源が出てくることになります。この四通りの従属電源は、次のように決められています。

電圧制御電圧源　入力開放、出力は入力電圧の値に応じて変化する電圧源
電圧制御電流源　入力開放、出力は入力電圧の値に応じて変化する電流源
電流制御電圧源　入力短絡、出力は入力電流の値に応じて変化する電圧源
電流制御電流源　入力短絡、出力は入力電流の値に応じて変化する電流源

入力に電源が接続される場合には、入力開放の場合電圧源が、入力短絡の場合電流源が接続されることになります。

その他の素子が接続される場合、入力短絡の従属電源に対しては、入力端子に並列な素子は従属電源によって短絡されてしまいますので注意が必要です。

入力開放の従属電源に対しては、従属電源入力に直列に接続される素子には、電流が流れませんので注意が必要です。

これらの従属電源に対して、電圧源・電流源は、独立電源と呼ばれています。

2.4.1　電圧源とは

電圧源も先程述べました抵抗・容量・ コイルと同じように現実には存在していません。一般的に電池などは、電圧源と思っている方が多いようですが、回路理論的には全く違います。このことについては後ほど説明します。

電圧源とは、どの様な電流が流れようとも常に同じ値の電圧を生じる素子のことを言っています。このことから電圧源の短絡は、考えられない こととなります。短絡してしまいますと、電圧を一定に保とうとして無限大の電流が流れることになり、ありえない状態になってしまいます。このように短絡することを電圧源を殺すと呼んでいます。 電圧源を開放とすることは、全く問題がありません。

横軸を電圧、縦軸を電流としたグラフを用いますと、電圧源は垂直な線で与えられます。この直線を少し傾けて、微小電流分の微小電圧を考え、線を元に戻すことを考えますと、この比はゼロに近づきます。つまり電圧源は、交流的にゼロの抵抗を持つことが分かります。この性質は、回路を考える場合非常に重要な役割を果たします。

2.4.2 電流源とは

電流源も先程述べました抵抗・容量・コイルと同じように現実には存在していません。電流源に関しては、これが電流源ですと称している装置は複雑な回路を持った装置以外見当たらないようです。しかし回路において、電流源は重要な素子です。

電流源とは、どの様な電圧が生じようとも常に同じ値の電流を生じる素子のことを言っています。このことから電流源の開放は、考えられない こととなります。開放してしまいますと、電流を一定に保とうとして無限大の電圧が生じることになり、ありえない状態になってしまいます。このように開放することを電流源を殺す と呼んでいます。電流源を短絡することは、全く問題ありません。

横軸を電圧、縦軸を電流としたグラフを用いますと、電流源は水平な線で与えられます。この直線を少し傾けて、微小電流分の微小電圧を考え、線をもとに戻すことを考えますと、この比は無限大に近づきます。つまり電流源は、交流的に無限大の抵抗であることが分かります。この性質は、回路を考える場合非常に重要な役割を果たします。

2.4.3 現実のバッテリーはいったい？

現実のバッテリーは、最も簡単な等価回路としては、

- 電圧源とそれに直列につながれた抵抗
- 電流源とそれに並列につながれた抵抗

この二つのいずれかで表現することが出来ます。更により現実に近づけるには、多数の抵抗・容量・コイルが必要になります。

このように現実のバッテリーは、電圧源でも有りまた電流源でも有るということです。

またバッテリーを長時間放置しますと、寄生の素子によってバッテリー内部に電流がわずかずつ流れ、最終的に電圧あるいは電流がゼロとなってしまいます。

2.5 その他の素子は？

回路で使う素子を簡単に紹介してきましたが、その他に素子は存在するのでしょうか？今まで見つかっている物質を表現するパラメータは、導電率・誘電率・透磁率しか見つかっていません。今後新しいパラメータは、見つかるかもしれませんが可能性はおそらく低いと思われます。

真空管や半導体などは、電気素子と呼ぶこともありますが、後ほど詳しく述べますように抵抗・容量・コイルおよび従属電源によって表現できます。

その他の全ての電子素子も同様に抵抗・容量・コイル（あるいは変成器）、独立電源、従属電源の組み合わせて表現できますので、これ以上の基本的な素子は必要ないようにも思えますが、この後示しますようにディジタル化が発展するに連れ、特殊な素子が考えられるようになってきました。

2.5.1 スイッチ

特殊な素子として、スイッチが有ります。電源を入れたり切ったりする用途にもスイッチは使われていますし、より重要な用途として現代主流として用いられているディジタル計算機[*2]は、スイッチの塊です。その他に回路部品の一部として重要な機能を果たす場合もあります。その例としてスイッチド・キャパシタ回路があります。これは例えば、次のような回路です。

図 2.7　スイッチド・キャパシタ

この回路の動作説明をしておきます。回路の左に電圧源 v_1 が接続され、右側は接地されているとします。

まず最初に $SW1$ が閉じていて $SW2$ が開いているとします。この時容量には、時間 T_1 で $Q = Cv_1$ の電荷が蓄積されます。次に $SW1$ が開いて $SW2$ が閉じたとします。時間 T_2 に同じ電荷が流れ出すとします。時間 $T_1 + T_2$ の間に流れる電流は、次の式で与えられ

[*2] 計算機にはディジタル計算機とアナログ計算機とが有ります。近年アナログ式は殆ど使われなくなりました

ます。

$$i = \frac{Q}{T_1 + T_2} = \frac{Cv_1}{T_1 + T_2}$$

この式から次の式を導くことが出来ます。

$$\frac{v_1}{i} = R = \frac{T_1 + T_2}{C} \tag{2.11}$$

この式から、容量とスイッチを用いて抵抗が実現できることが分かります。時間はミリ秒またはマイクロ秒程度ですが、容量をピコファラッドとすれば、非常に高い抵抗を簡単に得られることが分かります。

このスイッチド・キャパシタの用途としては、スイッチド・キャパシタ・フィルタとして、非常に低い周波数のフィルタに用いられています。

2.5.2 素子間の干渉

容量には電界、コイルには磁界というものが存在していますので、二つの素子の電界同士、磁界同士が干渉することが考えられます。電界を干渉させることは、現実には難しいので、容量の結合はほとんど用いられていません。それに対して磁界同士を干渉させることは比較的簡単に行えます。これを積極的に用いたのがトランス（変成器）です。ここではこの素子について詳しく扱いません。トランスの理論は結構複雑で、様々な応用が考えられています。詳細については、専門書をご覧下さい。

2.5.3 接続線

素子と素子とは、お互いに接続しなければ回路を作製できません。回路で用いる接続線は、現実に使われている接続線とは全く違います。現実の接続線は銅、あるいは集積回路の場合にはアルミなどの金属を用いて接続されます。これらの接続線は、導電率・誘電率・透磁率が有限の値を持っています。それに対して回路図上の接続線は、これらのパラメータが全てゼロと考えます。このため回路図上の接続線は、ある所と別の所がつながっているという意味しかありません。勿論このような接続線は、現実には存在しません。

現実の線は、抵抗・容量・コイルの複雑な組み合わせで構成されています。近年ディジタル回路の大規模化により、これらの素子（寄生素子と呼ばれます）によって信号の遅れが目立つようになり、その遅れをいかに補正するかということが大問題となっています。

今までの説明からおわかりのように、回路図というのは現実にはありえない部品から構成されていることが分かります。回路図を描くというのは、ありえない部品を用いてどの様にして現実の世界に近づけるかということになります。

2.6 素子と素子のつなぎ方

素子は単体では何の役にも立ちません。人の役に立つ何らかの機能を持たせるために
は、素子と素子とをつないでいく必要があります。すると新しい問題が発生します。ここ
ではそれらの問題について考えていくことにします。

2.6.1 直列と並列

素子と素子とを接続する方法には、直列接続と 並列接続があります。この接続方法は
簡単であるため、よく用いられます。

そのため素子の直列接続あるいは並列接続によって得られる式は、定理として扱う場合
が多いようです。三つの素子について、結果だけを述べておきます。ここで 0 の添字を結
果、1 と 2 を二つの素子の添字とします。抵抗を R、抵抗の逆数を G、容量を C、コイル
を L とします。

抵抗の直列　$R_0 = R_1 + R_2$　$G_0 = G_1 G_1 / (G1 + G_2)$
抵抗の並列　$G_0 = G_1 + G_2$　$R_0 = R_1 R_1 / (R1 + R_2)$
容量の直列　実現できません
容量の並列　$C_0 = C_1 + C_2$
コイルの直列　$L_0 = L_1 + L_2$
コイルの並列　実現できません

容量の直列接続やコイルの並列接続は「実現できません」と記載が有ります。電気の素
子ではない現実も同じ言葉を使っている容量やコイルでは、容量の直列接続やコイルの並
列接続を実現することは可能です。この回路の場合と現実の場合の違いについては、この
後説明をします。

2.6.2 特殊な接続方法

素子を接続する方法には、その他の方法も考えられます。一つの点に接続されている多
数の素子のもう一方の端子が、別々の所に接続されているような場合です。

例えば次のような接続がなされている場合です。この図では一つの線が一つの素子を表
しているとします。この回路を特にブリッジ回路と呼んでいます。

図 2.8　ブリッジ回路

この例で AC と AD は、同じ点 A から出ていますが別の端子 C と D に接続されていますので、二つの素子は並列接続になっていないことが分かります。このような接続方法としては、その他にも様々な方法が考えられますが、これ以上深く考えないことにします。

2.7　やってはならないこと

以上述べてきたことから分かりますように、全ての電気に関する素子は、現実には存在しない素子ばかりです。このような素子を取り扱うことによって、より厳密に理論を扱えるようになります。逆に非現実的素子を用いているために、あり得ない、やってはならない接続も生じます。このようなやってはならない接続について述べていくことにします。

素子の中で、抵抗だけは特別な役割をしています。それは次のようなことです。

1. 唯一電力を消費する素子
2. 直列・並列接続が可能
3. 唯一雑音が生じる素子（ただし雑音源は別に記載が必要）

最初の「唯一電力を消費する素子」という性質は、容量やコイルにはない性質です。電力を供給する抵抗素子というのも考えられます。この場合マイナスの値を持った抵抗と考えます。この性質は抵抗単独で実現することは不可能です。

ガンダイオードなどの特殊な半導体が考案されています。これを電気の一つの素子と考えることも可能ですが、抵抗・容量・コイルのような汎用性はありません。

その他の負の値を持つ抵抗として、後に述べます発振器やジャイレータなどが考案されていますが、必ず半導体との組み合わせが必要になります。発振器を除いてその他の回路については、これ以上扱いません。

このように抵抗は、容量やコイルとは全く異なった性質を持つ特殊な素子と考えられます。シミュレータで以上の特殊な性質を同時に持つ抵抗素子が使われることがありますが、元々の SPICE などのシミュレータにおいては、三つの性質を別個のものとして扱っていました。

2.7.1 容量の場合

容量の直列接続は、実現できません。これは二つの容量の間にある接続点が何処にもつながっていないため、その点の電圧が定まらないからです。その結果、直列接続の容量の合成容量は、周囲の物質に存在する電荷の影響を受けて容量の中間の金属の電荷が増えたり減ったりします。その結果、直列になっている容量の両端の電圧が変化し、フラフラと動いて測定できません。

現実の容量では、このようなことは起こりません。現実の容量は、様々な寄生の素子が含まれているため、容量の直列接続を行っても真ん中の端子はある電圧に固定されてしまうからです。

容量は静電エネルギーを蓄積することの出来る唯一の素子です。容量には、二種類あることをご存知でしょうか。一つは相対容量そしてもう一つは個別容量です。相対容量とは、物質と物質の間に静電エネルギーを蓄積することが出来ます。個別容量は、一つの物質の中に静電エネルギーを蓄積することが出来ます。電気素子の容量は、主に二つの金属板の間に静電エネルギーを蓄積します。個別容量は、例えば人間の体内に静電エネルギーが蓄積され、ドアノブに近づくと急に放電されることがあります。

この個別容量は、全ての物質が持つ容量です。では鳥は高圧線に留まっても、なぜ焼き鳥にならないのでしょうか。鳥が留まったとき高圧線から鳥に向かって同じ電圧に達するまで電流が流れ込んでいます。なぜ焼き鳥にならないのかということの理由は、鳥を手のひらに乗せるとすごく軽いことが分かりますが、鳥が持っている個別容量は非常に小さいのです。その結果、流れ込む電流が非常に少ないため焼き鳥になることはありません。電流は流れ込んでいますので、鳥が高圧線に留まったとき少しチクっとしていると思われます。

2.7.2 コイルの場合

コイルの並列接続は、実現できません。コイルが並列に接続されている場合、コイルともう一方のコイルの間を巡回している電流が外部の物体に有る電界や電流によって変化してしまいます。その結果コイルの並列接続は、フラフラと動いて測定できません。

現実のコイルでは、コイルが持っている様々な寄生素子によってこの電流は、かなり抑えられてしまいますので測定が可能であるように感じられます。

2.7.3 電圧源の場合

電圧源の並列接続は、実現できません。異なった電圧値が並列に接続されると、合成電圧がいくらになるか決められないためです。

実在の電池などが並列接続されて使われていますが、これは第一近似として電池に直列に抵抗が含まれているためです。ほとんど同じような電圧を持った電池の場合、抵抗の電圧降下のため、それほど大きな変化をもたらさないように見えるからです。勿論電圧が高い方の電池から電圧が低い方の電池に電流が流れてしまいますので、電圧が大きく異なった電池の並列接続は、大電流が流れ危険です。二つの電池の電圧が同じになると、この電流の流れは止まります。

皆さんがよくご存知の例では、バッテリーが切れた車に十分に充電された車から 充電することが有りますよね。充電を続けますと、二つのバッテリーが同じ電圧になるまで 十分に充電され、その結果元の車の電圧が低下することを経験した方は多いと思います。

このように現実の電池は、回路で用いる電源とは全く異なります。

2.7.4 電流源の場合

電流源の直列接続は、実現不可能です。二つの電流源が異なった電流値を持つならば、電流源に流れる電流値が決められないからです。

電池などが直列接続されて使われていますが、これは第一近似として電池に並列に抵抗が含まれているためです。その結果余分な電流は、抵抗を経由して流れることになります。

現実の乾電池が直列に接続できることも、この寄生抵抗のおかげです。しかし電圧源と同じようにかなり異なった電流値を持った乾電池の直列接続は、電池に大きな電流が流れることになり、非常に危険です。

電流源も電圧源と同様に、回路で用いる現実の電源とは全く異なります。

第 3 章

電気回路の意外な知識

　繰り返しになりますが、回路で用いる素子は、現実の素子と同じ名前を使っています
が、その性質は全く違います。

　回路についても皆さんが持っておられる知識とは、かなり異なると思います。このこと
について分かりやすくお話をしたいと思います。

3.1　電気の基礎式の主な定理には？

　電気について一般には常識と思われている定理が実際には違っていたり、逆に意外と知
られていない定理が存在します。ここではそんな定理について話をしましょう。

3.1.1　オームの法則

　電気の基本法則をオームの法則と勘違いしている 人が居ますが、オームの法則は電圧
と電流の関係を示す式であり、しかも近似式にすぎません。 オームの法則を満足する物
質は、ほとんど存在しません。非常に範囲の狭い電圧および電流の場合で、しかも周波数
や熱などの環境の狭い範囲内だけでしか成立しません。

　以前述べましたように電圧と電流とは完全に独立した概念です。そのため回路を表現す
る方程式は、オームの法則に基づいた式ではなく、電圧だけの式の集まり、あるいは電流
だけの式の集まりと、物質を表現する電圧と電流とが入り混じった複雑な式 $f(v, i) = 0$
となります。ただし微小信号のみを扱う場合、オームの法則に似た近似式が必要になり
ます。

3.1.2　キルヒホッフの電圧則と電流則

　基本式は、マックスウエルの式から導くことが出来ます。導出方法は省略しますが、次
の二つの定理によって構成されています。この定理は、もっと厳密に導かれていますが、

ここでは簡単に述べるに留めます。

定理 1（キルヒホッフの電圧則） ある点から出発して任意の素子をめぐり、元の点まで戻る閉路を考える。この閉路の枝電圧の代数和はあらゆる瞬間において ゼロでなければならない。

定理 2（キルヒホッフの電流則） ある任意の点に流れ込む（あるいは流れ出す）枝電流の代数和はあらゆる瞬間において ゼロでなければならない。

この定理の中で、代数和という言葉が使われていますが、これは向きをきちんと考えなければならないという意味です。電圧則の場合、電圧の向きをある方向に決めた場合、それと逆向きの電圧に対してはマイナスとしなければなりません。電流則の場合も電圧と同様に、流れ込む電流をプラスとしますと、流れ出す電流はマイナスになります。

またこの定理の中で「あらゆる瞬間において」と有りますが、これは集中定数であることを意味しています。つまり分布定数の場合には、これら二つの定理は成立しません。

これら定理の中では、枝電圧と枝電流だけしか使われていません。つまり端子電圧と閉路電流はこの定理の中に含まれていないことに注意して下さい。しかし枝電圧と端子電圧、枝電流と閉路電流とは、一対一でつながっていると説明しましたように、端子電圧だけ、閉路電流だけを使って回路方程式を作成することは可能です。詳しい所は省略しますが、端子電圧だけあるいは閉路電流だけを使って方程式を作成するほうが便利な場合もあります。詳しい話を省略した理由は、実際の回路解析及び回路設計において、方程式を立てることは無いからです。

3.1.3　あまり使われないその他の法則

回路理論の研究ではなく実際問題として回路を設計する人にとっては、上記のようなキルヒホッフの定理やその他の重ね合わせの 原理、テブナンの定理、ノートンの定理、テレゲン (Tellegen) の定理、補償定理などなどの数多くの定理が回路に 関する本で紹介されています。しかし これらの多くの定理は、実際の回路設計で使われることはほとんどありません。

これらの法則について、付録 D に述べておきます。回路設計において余り必要がないので、これらの定理の説明は、省略します。知りたい方は電気回路の専門書をご覧下さい。

3.1.4　ペンチ入力・半田付け入力

回路に電源を接続する場合、接続することによって 回路の性質が変化してはなりません。このことは重要なことで、うっかり間違った接続をした場合、思いがけない結果を導いてしまいますので、注意が必要です。

3.2 回路の表現にはどの様な方法が? 23

このことを考えるために、ペンチ入力と半田付け入力という言葉があります。半田付け入力とは、回路の二つの点の間に電源を接続する方法です。ペンチ入力とは、回路の一部分を切り離して、その切り離した両端に電源を接続する方法です。

先に述べましたように電圧源は、両端の電圧が一定であるばかりでなく交流の抵抗がゼロでしたよね。電流源は、電流値が一定値であるばかりでなく交流の抵抗は無限大でした。このことから電圧源はペンチ入力、電流源は半田付け入力にしなければなりません。

電圧源を半田付け入力をしてしまいますと、接続された点の直流電圧が固定されてしまうばかりでなく、両端が交流的に短絡されてしまいます。その結果、元の回路から幾つかの素子が削除された新しい回路が出来てしまいます。つまり別の回路の性能が生じるということを意味しています。

電流源をペンチ入力した場合、入力される枝の直流電流が固定されてしまうばかりでなく、交流的に開放状態となってしまいます。この場合も元の回路から幾つかの素子があたかも消えてしまったかのような新しい回路が出来てしまいます。つまり別の回路の性能が生じるということを意味しています。

このように電圧源あるいは電流源を繋いで回路の特性を調べるためには、どの様な接続をするかということを慎重に考える必要があります。現実の電源は、電圧源でも電流源でも表現できると話をしました。ではどうすれば現実の電源を用いることが出来るのでしょうか。ここで思い出していただきたいことがあります。それは現実の電圧源は直列に接続された抵抗、現実の電流源は並列に接続された抵抗で近似できるということです。また電圧電源は抵抗ゼロの交流抵抗、電流源は無限大の交流抵抗だと話をしましたよね。つまり第一近似で接続される抵抗の値が小さい場合には電圧源、抵抗の値が非常に大きい場合には電流源とみなすということです。それらの寄生抵抗を使って回路を考え、結果を補正しなければなりません。

3.2 回路の表現にはどの様な方法が?

回路の問題を解くためには、回路を式で表す必要がありました。ありましたと過去形で述べた理由は、現代の回路設計においては、回路の問題を解くために方程式を立ててそれを解くということは、ほとんど行われなくなっているからです。ではどのように問題を解いているかといいますと、大部分の回路設計は、電卓と紙と鉛筆だけで設計されており、これだけでは「設計として不十分である」ところだけを回路シミュレーションで解決しています。ここで言っている回路設計としては不十分であるという意味については、この後の章で詳しく説明をしていきます。不十分であるか十分であるかという問題は、非常に重要な問題ですのでしっかり理解して下さい。

このように現代では、回路方程式を立てて回路の問題を解いていく作業は、回路シミュレータ自体を設計する人およびマイクロ波などの高周波を扱う人だけに必要な 手法なの

です。

3.2.1 四端子パラメータ

真空管や半導体の性質が良く分からず、それらの素子の等価回路[*1]が作成できなかった頃は、四端子パラメータというパラメータを用いる必要がありました。

マイクロ波領域においては、真空管や半導体 の等価回路が使いものにならないほど複雑になることや、分布定数として扱わねばならないことから、未だにこの四端子パラメータが使われています。

現代の周波数が低い領域での回路設計では、四端子パラメータは必要ありませんので、ここではどの様な四端子パラメータがあるか述べるだけにしておきます。詳細はマイクロ波の本を参照下さい。

電圧や電流を使った四端子パラメータには、Z , Y , G , H , ABCD パラメータがあります。電力を用いたパラメータとして S パラメータ があり、これらのパラメータは、今日でもマイクロ波領域で使われています。特に電圧や電流が存在しない TE 波、TM 波にとって S パラメータは無くてはならないパラメータです。

しかし周波数が低い領域を用いる事が多い集中定数では、四端子パラメータが使われることはありませんので、この話はこれでおしまいとします。

3.3 シミュレータと回路設計

シミュレータは、現実の素子ではなく回路で出て来る特殊な素子を用いて計算機を使い計算する方法です。

一般の方が勘違いしていることが有ります。シミュレータを用いるのは、人間が計算できないことができるという理由からではなく、単に人間が計算するよりも遥かに速くしかも正確に計算できるという理由からです。ですからシミュレーションによって新しい事実は、何も出てきません。

シミュレータは、数値で結果を示しますので（殆どのシミュレータは、結果をグラフで表示してくれます）、その結果が正しいかどうかは、人間が判断しなければなりません。計算機は単に計算し結果を表示するだけですので、結果が正しいかどうかを判断するにはある程度の回路知識が必要になります。

また新人でも実行が可能であるため、多くの会社でシミュレーションは、新人の仕事となっています。ベテランは、電卓と紙と鉛筆での設計が主な仕事です。その理由は、これから話していく内容により徐々に明らかになっていきます。

[*1] 電気素子の組み合わせで表現する方法

3.3 シミュレータと回路設計   25

3.3.1 OS の違いによる大きな差

　回路の計算をしてくれるシミュレータは、計算機の基本ソフトウエア OS によって、い
ろいろ分かれます。

　例えばソラリス（昔のユニックス）、BSD、 デビアン、ウブンツ、アップル社のマック
OS、iOS および特殊な OS のマイクロソフト社 の Windows(昔は DOS) です。 Windows
が特殊だと言ったのは、 この OS はソニーのプレーステーションとか任天堂のゲームソフ
トと同じ個人のゲーム用として開発された OS なので、セキュリティに対しては殆どと
言ってよいほど考慮されていないからです。その結果インターネットに対応していないの
で、ウイルスソフトが必須となります。また長時間の稼働も全く考えられていません。[*2]
そのため一秒でも停止すれば膨大な被害が出る産業用としては、使えません。その結果価
格はその他の OS に比べ非常に安い価格となっています。この様な理由のため Windows
のシミュレータは、産業界では使われていません。

　デビアン、ウブンツのようなリナックス系の OS は、リーナス・トーバルズという人が
学生時代に 開発し、無償で配布されている OS です。リナックス系の OS はソラリスをお
手本に 開発されていますので、セキュリティも十分強固であり長時間の稼働に対しても
十二分に耐えられます。無料であるにも関わらず、なぜ普及しないのか不思議に思うかも
しれません。その大きな理由は、リナックスを基本にした様々な OS が開発され使用者が
分散してしまったことが大きな理由です。

　ユニックスを開発していたサン・マイクロ という会社が倒産したことによって、ユニッ
クスは ほとんど注目を集めなくなってしまいました。今現在ソラリスという名称で復活
していますが、 以前ほど注目されていないようです。またこのソラリスも無償で提供さ
れています。

　アップル社の OS が暫く日の目を見なかったこと には大きな理由が有ります。一つは
アップル社がインテルの CPU ではなく IBM のパワー PC を 採用したこと、二つめは
アップルの創業者のスティーブ・ジョブズをアップル社から追放 したことです。その結
果 Windows だけが民生用として生き残ったということになります。その後スティーブ・
ジョブズがアップル社に復帰したことと CPU をインテルに変更したことによって、アッ
プル社は世界一流となり、OS が復活しました。

　OS の話ばかりでなく、マイクロソフトが販売しているソフトウエアには大きな問題が
有ります。それは OS を含む全てのマイクロソフトの製品に対して上位互換性がないこと
です。マイクロソフト以外の全てのソフトウエア開発は、上位互換性があります。上位互
換性があるというのは、昔作った電子ファイルなどが将来に渡って使えるように変更のソ

[*2] 放置しておくだけで、不要なゴミが溜まっていき計算機が動かなくなるなど、非常に不安定であるため

フトウエアが開発されていることです。この上位互換性がないためにバージョンが上がる
たびにマイクロソフト以外のウインドウズ上で動作しているソフトウエアまでも買い換え
る必要が出てきます。マイクロソフト以外のソフトウエア開発会社にとって、販路が広が
るのでこれは非常に有り難いことだと言えます。しかし消費者にとって毎年のように次々
と購入していく必要がありますのでウインドウズという OS は、高額なソフトウエアとい
うことが出来ます。産業界で使っているソフトウエアは、一セットで何億円とか何千万円
もするソフトウエアですので、このこともウインドウズが産業界で使えない大きな理由と
なっています。

3.3.2　高い周波数と低い周波数

　シミュレータ計算の対象物によって、大きく二つに分かれます。周波数の低い信号を扱
うシミュレータと周波数の高い信号を扱う シミュレータです。この二つは、回路の計算
方法が全く違います。

　周波数の低い信号を扱うシミュレータは、先ほど述べた四端子パラメータ[*3]を用いて作
られる多数の式から出てくる行列式を解くことによって、回路の問題を解いていきます。

　それに対して高い周波数の信号を扱うシミュレータの場合は、微積分方程式を積分法や
シューティング・メソッド と呼ばれる特殊な方法で解くことにより回路の問題を解いて
いきます。

3.4　直流と交流

　信号は時間的に変化しない直流と時間的に変化する交流とがあることは、皆さん良くご
存知だと思います。先ほど抵抗・容量・コイルの性質を示す式を紹介しました。これらの
式は、時間で表現されていました。しかし時間の式は、取り扱いが面倒なので、交流信号
を取り扱う場合は、別の表現を用います。その表現とは、フーリエ変換 あるいはラプラス
変換という手法を用いて 表現される式です。これらの表現の結果だけを、次の表に述べ
ておきます。

　これらの式以上のラプラス変換やフーリエ変換の知識を使うことはありませんので、証
明についてはラプラス変換、フーリエ変換の専門書をご覧下さい。

　過渡解析についての市販の本では、様々なラプラス変換やフーリエ変換の応用が書かれ
ています。しかし回路を実際に設計する場合においてはその様な知識をほとんど必要とし
ません。

[*3] 現代のシミュレータでは先ほど述べた単に電圧と電流を独立変数として用いるのではなく、容量の電圧と
コイルの電流を独立変数とした、状態変数方程式 と呼ばれる式を用います。

3.4 直流と交流

素子	時間式	ラプラス変換	フーリエ変換
抵抗	$v = Ri$	$V = RI$	$V = RI$
容量	$v = \int \frac{i}{C} dt$	$V = \frac{1}{sC} I$	$V = \frac{1}{j\omega C} I$
コイル	$v = \frac{d}{dt}(Li)$	$V = sL\,I$	$V = j\omega L\,I$

表 3.1 素子の表現

この式の中で v , V は電圧、i , I は電流、j は複素数、$\omega = 2\pi f$ は角周波数、f は周波数、$s = \sigma + j\omega$ です。σ は実数です。一般的に小文字は交流で大文字は直流の電圧や電流と言われていますが、この式の中でも大文字が交流として使われることがありますので注意して下さい。

これらの式を用いるには、ある条件が必要です。その条件とは、容量やコイルは時間ゼロで何も蓄積されていないという条件です。電源を投入する前に、ある素子に電磁気量を溜めることはほとんど行うことがありませんので、通常満たされる条件です。

3.4.1 直流回路図と交流回路図

回路図が二つに分けられるというと、皆さん驚かれるかもしれません。回路図は一つしか見たことがないし、当然一つでしょ、と思われるでしょうが、実は直流回路図と交流回路図との二つを描くことが可能なのです。

二つの回路図を描いて回路設計が行われているのかというと、二つの回路図を描いている設計者は居ません。頭のなかで二つの回路図を描いているだけです。

回路動作を説明するために交流回路図を描くことがありますので、交流回路図を描く方法を知っておくことは重要です。

二つの回路図が描けることの証明

少し数学を使いますが、これを式で求めてみます。

一般的に回路図は、次の式で与えられます。一般的には使われている変数は、行列と呼ばれる式になりますが、単一の変数を用いても問題は生じません。このことについての証明は省略しますが、興味がある方は回路理論の専門書を御覧下さい。

$$y = f(x) \tag{3.1}$$

直流での値を示すために、添字 0 を用いますと、上の式は直流だけしか存在しない場合、次のように与えられます。

$$y_0 = f(x_0) \tag{3.2}$$

ここで微小信号 Δx を考えます。そのとき対応する y は、Δy とします。（3.1）式は、次

のようになります。

$$y_0 + \Delta y = f(x_0 + \Delta x) \tag{3.3}$$

（3.3）式をテーラー展開[*4]して 高次の項をゼロとします。テーラー展開とは、ある変数の式を変数が含まれない項や一乗、二乗など高次の項の和に展開する数学手法です。テーラー展開については数学の専門書をご覧下さい。（3.2）式を用いますと、次の式が得られます。

$$\Delta y = A \Delta x \tag{3.4}$$

ここで A は、定数です。この結果直流を示す（3.2）式と、交流を示す（3.4）式とが得られました。この二つの式によって直流回路図と交流回路図が得られます。それを具体的に、次に示しておきます。

直流回路図

直流回路図を描くためには各素子に対して時間変化をゼロとすることによって、次のようにする必要があります。

- 抵抗は、そのまま
- 容量は、開放で置き換える
- コイルは、短絡で置き換える
- 直流電圧源は、そのまま
- 交流電圧源は、短絡で置き換える
- 直流電流源は、そのまま
- 交流電流源は、開放で置き換える

容量とコイルの意味は、明白だと思います。以前説明しましたが交流電圧源の抵抗はゼロ、交流電流源の抵抗は無限大でしたので上記のようになりますよね。

交流回路図

交流回路図を描くためには、各素子に対して次のようにする必要があります。

- 抵抗は、そのまま
- 大きな値の容量は、短絡で置き換える
- 小さい値の容量は、そのまま
- 大きな値のコイルは、開放で置き換える
- 小さな値のコイルは、そのまま

[*4] 正確にはマクローリン展開です。

3.4 直流と交流

- 直流電圧源は、短絡で置き換える
- 交流電圧源は、そのまま
- 直流電流源は、開放で置き換える
- 交流電流源は、そのまま

直流電圧源は、交流に対して短絡で置き換えますから、電源ラインは、接地状態つまりグラウンドに なることに注意して下さい。

交流回路図は、直流回路図よりもよく使われます。その理由は、回路図が非常に簡略化されその結果非常に見やすくなることと、実際に回路図を描く手間が大幅に省けるからです。色々なところで交流回路図が使われますので、ぜひ交流回路図に慣れておくようにましょう。

第 4 章

回路の表現は

ここでは電気において用いられる単位、数値の取り扱い方などについてお話します。

4.1　どの様な単位があるの？

抵抗、容量、コイル、電圧、電流、電力には、それぞれ次のような単位が用いられます。ただし抵抗の場合、その逆数もよく用いられます。

素子	直流・交流名	記号	単位	読み方
抵抗	レジスタ	R , r	Ω	オーム
抵抗の逆数	コンダクタンス	G , g	S	ジーメンス
容量	キャパシタ	C , c	F	ファラッド
コイル	インダクタンス	L , ℓ	H	ヘンリー
電圧	ボルテージ	V , v	V , v	ボルト
電流	カレント	I , i	A	アンペア
電力	パワー	P , p	W , w	ワット

表 4.1　各種単位

この表の中でコンダクタンスは、抵抗の逆数です。ここでは回路設計において基本的な単位だけを取り上げています。

4.2　数値の取り扱い方

電気で扱う数値の範囲は、非常に広く、単にゼロを書き連ねると大変なことになります。

例えば電流を考えますと小さい所は 10^{-15} $[A]$ から 10^4 $[A]$ まで日常で使われます。そのような広範囲の数値を扱うため、次のような工夫がなされています。

4.2.1 対数を用いる

電気において対数を用いる理由としては、二つの理由があります。

- 何桁も続いている数値を低い桁数に変換してくれます。
- 掛け算が足し算になります。

後ほどお話しますように、電気においてはせいぜい三桁しか扱いません。そのため対数に変換して三桁だけを用いれば何の支障も出ません。

また電気は同じような動作の回路を何段も続けて繋いでいくことが度々あります。そのようなとき全体としては、各段の掛け合わせが必要になります。対数にしておけば掛け算が足し算に変化しますので、計算が非常に簡単になります。

よく用いられる対数の値を、次に述べておきます。

$$20\log 2 \cong 6 \tag{4.1}$$
$$20\log 10 = 20 \tag{4.2}$$

ここで 20 倍しているのは、電気でよく用いられる デシベルという単位を使うためです。

電力の場合には、10 倍とします。電圧もしくは電流と電力との間には、次の関係があります。

$$p = \frac{v^2}{R}$$
$$p = Ri^2$$

これらの式から対数をとって $P = 10\log p$, $V = 20\log v$, $I = 20\log i$ とすれば上の式を用いて、次の結果が得られます。

$$P = V - 10\log R \tag{4.3}$$
$$P = I + 10\log R \tag{4.4}$$

これらの式で出てくる抵抗は、計測器などで $R = 50$ $[\Omega]$ [*1]を用いる場合が多いようです。

デシベルとして基準値からいくらという使われ方が多いのですが、その基準値として次の基準が用いられます。

dB_μ　1 $[\mu V]$ を 0 $[dB_\mu]$ とする電圧を表現

dB_m　1 $[mW]$ を 0 $[dB_m]$ とする電力を表現

[*1] 抵抗というよりも特性インピーダンスという方が正確です。特性インピーダンスについては、マイクロ波の本を参照下さい。

4.2 数値の取り扱い方

dB_C　ある基準の信号電圧からいくら低下しているかを対数で表現

電流に関するこのような基準はありません。また dB_C は、変調された信号の 搬送波を基準にした側波帯などの低下分を表現するのに用いられます。搬送波や側波帯については、 6 章を参照下さい。

4.2.2　桁上りの記号を使う

時間や角度のように特殊な桁上りの場合も 有りますし、ディジタル計算機のように 二進法を使う場合も有りますが、ここでは アナログ電気回路に関する話のみに限っています。

日本では、四桁ごとに桁上りの記号が異なりますが、欧米では殆どの国において三桁ごとに記号が変化します。

次の表に示しているのは、国際単位系 (Systeme International unites:SI 単位系) に定められている 10 のべきです。

数値	名称（記号）	呼び方	数値	名称（記号）	呼び方
10^{18}	exa(E)	エクサ	10^{-1}	deci(d)	デシ
10^{15}	peta(P)	ペタ	10^{-2}	centi(c)	センチ
10^{12}	tera(T)	テラ	10^{-3}	milli(m)	ミリ
10^{9}	giga(G)	ギガ	10^{-6}	micro(μ)	マイクロ
10^{6}	mega(M)	メガ	10^{-9}	nano(n)	ナノ
10^{3}	kilo(k)	キロ	10^{-12}	pico(p)	ピコ
10^{2}	hecto(h)	ヘクト	10^{-15}	femto(f)	フェムト
10^{1}	deca(da)	デカ	10^{-18}	atto(a)	アト

表 4.2　SI 単位

4.2.3　英米語の数詞

英米語の数詞を述べておきます。billion から英語と米語とで値が異なっていることに注意が必要です。

名称	米語	英語	名称	米語	英語
ten	10^1	10^1	decllion	10^{33}	10^{60}
hundred	10^2	10^2	undecillion	10^{36}	10^{66}
thousand	10^3	10^3	duodecillion	10^{39}	10^{72}
million	10^6	10^6	tredecillion	10^{42}	10^{78}
billion	10^9	10^{12}	quattuordecillion	10^{45}	10^{84}
trillion	10^{12}	10^{18}	quindecillion	10^{48}	10^{90}
quadrillion	10^{15}	10^{24}	sexdecillion	10^{51}	10^{96}
quintrillion	10^{18}	10^{30}	septendecillion	10^{54}	10^{102}
sextrillion	10^{21}	10^{36}	octodecillion	10^{57}	10^{108}
septrillion	10^{24}	10^{42}	novemdecillion	10^{60}	10^{114}
octrillion	10^{27}	10^{48}	vigintellion	10^{63}	10^{120}
nonillion	10^{30}	10^{54}	centillion	10^{303}	10^{600}

表 4.3　英米語の数詞

4.2.4　必要な桁数は？

　先程も述べましたように電気で必要とされている桁数は、通常三桁です。つまり四桁目は、四捨五入して使われ数値は、三桁ということです。三桁を考えておけば回路設計に大きな支障は出ません。

　これは昔、測定にディジタル計測器ではなく、針を用いた計測器が使われていて三桁までしか読み取れなかったことと、三桁あれば支障がなかったことから、その習慣が今でも続いているのだと思われます。

　もっと多くの桁数が必要な場合がいくつかあります。自然界を表現している光の速度や、電気においても抵抗の基準値、誘電率、透磁率などの数値は、表の形で公表するような場合多くの桁数でもって正確に表現する必要があります。それ以外にも信頼性工学などは、1 に近い ゼロ以下で 9 を多数並べた数値を用いなければ意味が無くなる場合もあります。これについては、信頼性工学の専門書をご覧下さい。

第5章

半導体の扱い方

　昔使われていた真空管も同様ですが、半導体も開発当初、詳しい動作が理解されて いなかったため、回路の中では四角い箱つまりブラックボックスとして扱わざるを 得ませんでした。ブラックボックスを取り扱うためには、いわゆる四端子網 として扱う必要があります。

　しかしこの方法では、何か不具合が生じたとき、回路のどの部分が原因か、あるいは半導体の不具合に依るものなのか、半導体が原因であるのならば半導体をどの様に修正すれば良いかをつかむことは出来ません。四端子網以外の方法で半導体を表現する必要があります。そこで研究されたのが等価回路です。等価回路は、回路設計において 非常に重要ですので少し詳しく述べることにします。

5.1　等価回路に置き換える

　等価回路とは、抵抗・容量・コイル・電源を用いて半導体を表現する方法です。この方法以外、次のような方法があります。

5.1.1　ビヘービア・モデル

　ビヘービア・モデルとは、半導体を等価回路よりもっと簡単な形で実現しようとする方法です。これは１９７０年から１９９０年頃に盛んに研究されましたが、簡単になる分だけ目的を達成するための様々なモデルが必要となります。結局今日まで実用に至らず、今ではほとんど研究されていません。

5.1.2　言語を用いる

　言語を用いて半導体を表現する方法は、ディジタル回路において、半導体と言うより回路全体を言語を使って表現する方法として凄まじい勢いで発達し、今でも開発が続いてい

ます。

これはディジタルの場合、0 と 1 あるいは *OFF* と *ON* だけが重要で途中の波形は必要ないという特殊な事情に依るためです。電気の知識は必要なく、言語による回路設計ですので、設計者としては、数学者や文系の人が中心となっています。しかしディジタル回路で不具合が生じたときには、電気の知識が必要となり、いわゆるアナログ回路屋さんの出番となります。極端なことを言えば、電気回路設計でディジタル回路屋さんという人は存在せず、アナログ回路屋さんだけが回路設計者ということです。

アナログ回路においての言語による設計は、AHDL という言語が出てきましたが、その言語によるアナログ回路への適用は難しく、開発が進んでいるとは思えない状況です。

5.1.3 等価回路発展の歴史

半導体の等価回路は、簡単な等価回路から、より複雑な等価回路へと変遷してきました。主な等価回路は、次の表のような等価回路です。

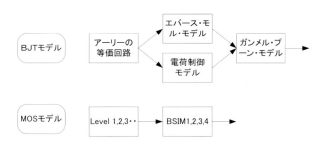

図 5.1 等価回路の発展

この表で BJT は Bipolar Junction Transistor の略で、MOS は Metal Oxide Semiconductor の略です。

等価回路の中でアーリーの等価回路は、抵抗や容量および電源の記号を使って表現されていますが、電気で用いられている素子とは全く異なります。どのように異なるかといいますと、使われている素子が電圧や電流によって変化するからです。

電荷制御モデルは、電圧や電流ではなく電荷を扱って表現していますので、他の等価回路とはかなり異なります。等価回路で使われている素子も、特殊なものを使っています。

エバース・モル・モデルは、主に直流に特化した等価回路です。BJT が二つの PN 接合から作られていることを積極的に利用しています。シミュレーションの中で初めて用いられた等価回路で、今でもこの等価回路は回路設計において重要な地位を占めています。

ガンメル・プーン・モデルは、SPICE というシミュレータで用いられた等価回路で、例えば BJT で最も重要な活性領域において実際の動作をかなり忠実に表現できます。

5.1 等価回路に置き換える

その後 BJT については、VBIC、MEXTRAM、HICAM などのより複雑な等価回路、MOS については、BSIM4 の次の世代が開発されています。

5.1.4 トランジスタの動作領域

トランジスタを用いて回路設計を行うためには、まず最初にどの様な直流電圧及び直流電流をトランジスタに与えるかと言うことを決めなければなりません。

その前にトランジスタにおいて用いられている名称について説明をしておきます。

図 5.2

BJT の特性を決めるパラメータは、コレクタ・ベース電圧、ベース・エミッタ電圧、コレクタ・エミッタ電圧、コレクタ電流、ベース電流、エミッタ電流の合計六個あります。キルヒホッフの電圧則および電流則 によって式が二つ成立しなければなりませんので、独立のパラメータは、四つになります。この内の二つを用いて残りの二つが導き出されますので、独立したパラメータは、二つということになります。二つをどの様に選ぶかということが問題になります。ここで次のような性質があります。

BJT のベース・エミッタ間電圧は、順方向に電圧を加えると約 $0.7\,[V]$ のほぼ同じ電圧になりほとんど変化しません。以上のことからコレクタ・ベース電圧もしくはコレクタ・エミッタ電圧が一つのパラメータとして選べます。

電流についてはベース電流は、極端に小さくパラメータとしては問題です。コレクタ電流とエミッタ電流とは、ベース電流が極端に小さいことから、ほぼ同じ値となります。コレクタ電流と BJT のトランジション周波数 f_T とは、一対一で対応しており、f_T はトランジスタの回路動作を決定する重要な数値ですので、コレクタ電流は重要なパラメータの一つです。以上のことから選ぶパラメータとしては、コレクタ・エミッタ電圧とコレクタ電流という選択が良さそうです。

しかしトランジスタがどの様な状態で動作しているのかということに関しては、コレクタ・エミッタ間電圧やコレクタ電流で区別することは余り明確には出来ません。それよりも BJT の場合には、二つ有る PN 接合が順方向で動いているか逆方向で動いているかで区別するほうが便利です。BJT の動作領域は、縦軸ベース・エミッタ間電圧、横軸をコレクタ・ベース電圧として表示する 方法が便利です。 BJT の動作領域は、次の図のように与えられます。

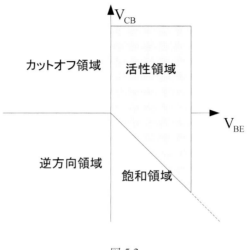

図 5.3

　この図の中で活性領域が飽和領域の中まで伸びており、その境界は $V_{BE} = V_{CE}$ となる電圧であり、別の表現をすると、コレクタ電圧がベース電圧と同じ値まで低下するところになります。BJT はこの条件であっても活性領域つまり増幅する能力があります。これに関して IC の中でコレクタとベースを接続してダイオードとして使う場合がしばしばありますが、増幅する能力が有るので異常発振をすることがあり、注意が必要です。

　MOS の場合には、ゲートに電流が流れないことと、ドレインとソースは通常取り替えても同じ動作をすることなどの特徴が有るので、変数はドレイン・ソース間電圧とゲート・ソース間電圧もしくはドレイン電流の三つだけです。またドレイン・ゲート電圧は MOS の動作にほとんど影響を与えませんので BJT の場合とかなり異なります。

　以上のことから MOS の場合、ドレイン・ソース電圧を横軸とし、ドレイン電流を縦軸とし、ゲート・ソース電圧をパラメータとするグラフで全て表示できることになります。このグラフの中で横軸に近い曲線の状態をカットオフ領域、[*1] 縦軸に近い曲線の状態を抵抗領域、その他の状態を飽和領域と呼んでいます。この飽和領域は、BJT の活性領域に相当しますので注意が必要です。

5.1.5　ハイブリッド π 等価回路

　交流に関しましては、上記の等価回路も含め全ての等価回路を少し簡単にしたハイブリッド π 等価回路が考案されています。これは次の図に示すような等価回路です。

[*1] カットオフの少し上に指数関数領域がありますが、日本では殆ど知られていませんし使われていません。

5.2 高周波と低周波って何？

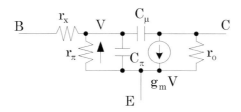

図 5.4　ハイブリッド π モデル

この等価回路は、半導体素子の構造から求められ、MOS においても r_π を無限大とすることにより適用することが可能です。

この等価回路の応用については、次の章で詳しく説明をします。

5.2 高周波と低周波って何？

図 5.4 を見て分かりますように、この図もかなり複雑であり、これをそのまま用いて回路の解析を行うことはけっこう大変です。

しかしある条件を考えると、この等価回路を簡単な形に変更することが出来ます。その条件とは f_T/β_0 と f の比較です。ここで β_0 は直流電流増幅率と呼ばれ、コレクタの直流電流 I_C とベースの直流電流 I_B を用いて I_C/I_B と定義されます。また BJT の詳細な解析結果から (5.6) 式の関係が出てきます。f_T はトランジション周波数 と呼ばれ、後ほど (5.7) 式で定義されます。

回路図 5.4 の交流の H パラメータは、次式で与えられます。

$$h_{11} = r_x + \frac{1}{g_\pi + j\omega(C_\pi + C_\mu)} \tag{5.1}$$

$$h_{12} = \frac{j\omega C_\mu}{g_\pi + j\omega(C_\pi + C_\mu)} \tag{5.2}$$

$$h_{21} = \frac{g_m - j\omega C_\mu}{g_\pi + j\omega(C_\pi + C_\mu)} \tag{5.3}$$

$$h_{22} = j\omega C_\mu \frac{g_m + g_\pi + j\omega C_\pi}{g_\pi + j\omega(C_\pi + C_\mu)} \tag{5.4}$$

ただし

$$g_\pi = 1/r_\pi$$
$$\omega = 2\pi f$$
$$g_m = 1/r_e = I_C/V_T$$

この中で $V_T = kT/q$ は、熱電圧と呼ばれ摂氏２７度で $26\,[mV]$ です。この値は重要な

数値なので、しっかりと覚えておきましょう。

上の式を見ると分かりますように、g_π と $\omega(C_\pi + C_\mu)$ を比較し、BJT の解析から出てくる上の関係式を用いることによって、次の二つに分類することが出来ます。

$f \ll f_T/\beta_0$ の場合

この条件が成立する場合を、低周波領域 と呼ぶことにします。これは、次の式を意味しています。

$$g_\pi \gg \omega(C_\pi + C_\mu) \gg \omega C_\mu \tag{5.5}$$

ただし

$$\beta_0 = r_\pi g_m \tag{5.6}$$

$$f_T = \frac{g_m}{2\pi(C_\pi + C_\mu)} \tag{5.7}$$

(5.5) 式が成り立つとき、g_π と比較して $\omega(C_\pi + C_\mu)$ と ωC_μ を無視しますと H パラメータは、次のようになります。

$$h_{11} = r_x + \frac{1}{g_\pi} \tag{5.8}$$

$$h_{12} = 0 \tag{5.9}$$

$$h_{21} = \beta_0 \tag{5.10}$$

$$h_{22} = 0 \tag{5.11}$$

BJT の場合、通常 $r_x \ll 1/g_\pi$ となるように製造されています。以上よりハイブリッド π モデルは、図 5.5 のように与えられます。

$f \gg f_T/\beta_0$ の場合

この条件が成立する場合を、高周波領域 と呼ぶことにします。この場合、次の式が成立します。

$$g_\pi \ll \omega(C_\pi + C_\mu)$$

この式が成立するとき、このときの H パラメータは、g_π を無視しますと

$$h_{11} = r_x + \frac{1}{j\omega(C_\pi + C_\mu)} \tag{5.12}$$

$$h_{12} = \frac{C_\mu}{C_\pi + C_\mu} \tag{5.13}$$

$$h_{21} = \frac{g_m - j\omega C_\mu}{j\omega(C_\pi + C_\mu)} \tag{5.14}$$

$$h_{22} = j\omega C_\mu \frac{g_m + g_\pi + j\omega C_\pi}{j\omega(C_\pi + C_\mu)} \tag{5.15}$$

5.2 高周波と低周波って何？

トランジスタは、必ずアーリー効果という特性が存在します。このアーリー効果とは、BJTの場合、コレクタの電圧が変化することによりベースの幅が変化することによって生じます。MOSの場合には、ドレイン電圧の変化によってチャネルの長さが変化することによって生じます。このアーリー効果は、等価回路ではBJTの場合にはコレクタとエミッタの間、MOSの場合にはドレインとソースの間に抵抗 r_o を挿入することによって表現できます。r_o の値は通常 $[M\Omega]$ の値を持つためトランジスタに接続される負荷の値を考えると、通常その値は非常に大きいので、無視してもさしつかえありません。しかし特に音響機器に用いられる回路のような場合には、電源ラインに有る雑音などが信号と混入する現象として現れることがありますので、大きな抵抗値だからといって無視できません。[*2]

r_x の値は、雑音などを考える場合重要ですが、r_π, C_π の値に較べ普通は小さいので、第一近似としては無視することが出来ます。しかし無視することが難しい場合があり、そのときはベースに直列にこの抵抗を挿入して考えれば良いのです。

以上よりハイブリッド π モデルは、図 5.6 に示すように近似することが出来ます。

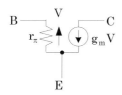   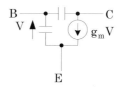

図 5.5　低周波用簡易等価回路　　図 5.6　高周波用簡易等価回路

以上の結果から分かりますように、f_T/β_0 という式と信号周波数 f との比較によってBJTをどの様に扱うかということを考えるときの判断を与えるということが分かります。

この式の中で β_0 は、直流における値であることが重要です。もし $f \cong f_T/\beta_0$ の場合には、元の複雑なハイブリッド π・モデルを使わなければなりません。

しかし増幅器などの回路設計においては、ボード線図[*3]が用いられます。ボード線図を考えると $f \cong f_T/\beta_0$ の場合においても、複雑な等価回路を考えなくてもすむことが後ほど分かります。

ICの場合は、コレクタ〜サブ[*4]間に存在する容量を忘れてはいけません。この値は結構大きいので、周波数が高くなるにつれ影響は大きくなります。

BJTの活性領域に相当するMOSの飽和領域の場合には、次の式が成立します。

$$I_D = \frac{\mu_n C_{OX}}{2} \frac{W}{L} (V_{GS} - V_T)^2 \tag{5.16}$$

[*2] 同相信号除去比という表現が有り、この値が悪くなります。同相信号除去比については、他の専門書をお読み下さい。
[*3] 横軸に周波数の対数、縦軸に振幅の対数あるいは位相を表示したグラフのことです。
[*4] サブストレートの略で、ICを支えるシリコン基板のことです。

ここで

μ_n：電子の移動度
C_{OX}：単位面積当りのゲート酸化膜容量
W：ゲート幅
L：ゲート長
V_{GS}：ゲート〜ソース間電圧
V_T：スレッショルド電圧

MOS の場合の小信号簡略化モデルとしては、(5.16) 式を微分することによって得られ、MOS の等価回路モデルとして BJT の簡略化モデルと似た、次の回路図 5.7 で示すようなモデルが得られます。

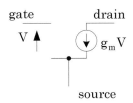

図 5.7　簡略化 MOS モデル

この回路図 5.7 の中で g_m は、次の式で与えられます。

$$g_m = \sqrt{2\mu_n C_{OS} \frac{W}{L} I_D} \tag{5.17}$$

5.3　設計者に必要な公式

以上求めた簡略化等価回路を使いますと回路設計に非常に便利な式を導くことが出来ます。これらの式を用いますと、回路設計が簡単に実行できます。回路設計を目指す人は、これから記載している式をぜひ記憶するべきでしょう。

証明は非常に簡単なので、ここでは BJT を用いて、それらの結果を述べておきます。MOS についても同様な結果が得られます。

5.3.1 エミッタから見た抵抗

ベース側に抵抗 R_B が接続されているとき、エミッタ側から見た抵抗 Z_E は次の式で与えられます。

$$Z_E = \frac{R_B}{\beta_0} + r_e \qquad (5.18)$$

5.3.2 ベースから見た抵抗

エミッタ側に抵抗 R_E が接続されているとき、ベース側から見た抵抗 Z_E は次の式で与えられます。

$$Z_B = \beta_0(R_E + r_e) \qquad (5.19)$$

5.3.3 電圧増幅率

エミッタ側に抵抗 R_E が接続されベースに信号 v_S が接続されているとき、コレクタに流れる信号電流 i_C は次の式で与えられます。

$$i_C = \frac{v_S}{R_E + r_e} \qquad (5.20)$$

この電流に負荷抵抗を掛けて、符号をマイナスにすることによって、電圧増幅率が得られます。

5.3.4 エミッタフォロア

エミッタ側に抵抗 R_E が接続されベースに信号 v_S が接続されているとき、エミッタに生じる信号電圧 v_E は次の式で与えられます。

$$v_E = \frac{R_E}{R_E + r_e} \times v_S \qquad (5.21)$$

5.3.5 公式の重要性

これらの結果は、回路設計者にとって非常に重要な公式です。

上記四個の式は、全て電卓で計算できます。式をみますとあたかもエミッタに抵抗 r_e が存在しているように見えます。

これらの公式を覚えるための簡単な方法があります。全ての式はベースのラインの右から見た場合には左にある抵抗を β_0 で割り、ベースのラインの左側から見た場合には右にある抵抗に β_0 を掛けるようになっています。

5.4 直流と交流の電流増幅率

直流と交流の電流増幅率は、次に示しますように同じ値となります。

ハイブリッド π・モデルから、交流の電流増幅率について、次の式が得られます。

$$\beta = \frac{i_C}{i_B} = \frac{g_m}{g_\pi + j2\pi f(C_\pi + C_\mu)} \tag{5.22}$$

この式から、周波数が低いときの電流増幅率は、$f = 0$ と置いて次の式が得られます。

$$\beta_0 = H_{FE} \cong \frac{g_m}{g_\pi} = g_m r_\pi \tag{5.23}$$

（5.22）式から周波数が高い場合

$$\beta = \frac{i_C}{i_B} = \frac{g_m}{2\pi f(C_\pi + C_\mu)} \tag{5.24}$$

ボード線図を考えますと（5.23）式は、高い周波数において $6\,[dB/oct]$ の傾きで下降する前の周波数で成立する値を示しています。これに対して（5.24）式は、$6\,[dB/oct]$ の傾きで低下しているところの周波数で成立する値を示しています。下降している直線の途中にトランジション周波数 f_T が存在しています。直流から（5.23）式と（5.24）式とが交わる周波数のところまで、直流電流増幅率は（5.23）式で与えられることになりますので、水平になっている直線の端、つまりボード線図で二つの直線が交わるところまで直流電流増幅率と交流電流増幅率とは同じ値となります。つまり低周波数から高周波数でトランジスタの利得が低下し始める周波数のところまで、直流電流増幅率と交流電流増幅率は、同じ値を持つことになります。

5.5 雑音は嫌われ者？

雑音というと厄介者というイメージが一般的ですが、実は重要で無くてはならない貴重な現象です。もし雑音が存在しないと発振器が出来ません。もし雑音がなければ発振させるために、必ず何らかの付加的なトリガ回路 が必要になります。

5.5.1 雑音は非相関

雑音同士は、相関という性質がありません。相関というのは、一方が他方に何らかの影響を与えることを意味しています。この非相関の性質によって、様々な特別な性質が出てきます。

非相関によって各々の雑音は、独立した源として計算でき、各々の雑音の影響を加算することが出来ます。

5.5.2 雑音の種類

　雑音というのは一つではなく、色々な雑音が有ります。詳細については、専門書に譲りますが、どのような雑音があるかということを簡単に述べておきます。

白色雑音　直流に近い周波数から 超高周波まで同じ値を持つ雑音、抵抗成分によって発生
ショット雑音　電気を持った粒子が、ある 障壁を超えた時に発生
$1/f$ 雑音　不純物や結晶欠陥によって発生し、 周波数が低いほど値が大きい
バースト雑音　物質の境界で発生し、 不規則な時間で起こる
アバランシェ雑音　強い逆電界で 起こる電子雪崩による

5.5.3 入力換算雑音

　回路における回路内部に存在する雑音は、入力側に雑音電圧源の直列接続および雑音電流源の並列接続の二つの雑音で表現できます。

　証明は省略しますが、回路の入力側が低い抵抗で構成されている場合、雑音電圧源 が主な雑音源となります。入力側が高い抵抗で構成されている場合、雑音電流源が主な雑音源となります。 この性質から殆どの場合、一つの雑音源で計算できることになります。

5.5.4 接地方式によらない

　証明は省略しますが、雑音には面白い性質が有ります。BJT の場合エミッタ接地、コレクタ接地、ベース接地、 MOS の場合ソース接地、ドレイン接地、ゲート接地 が有ります。いずれの接地方式を使っても雑音に対しては、同じ結果を与えます。

5.5.5 雑音の表現

　雑音の表現は、主に二つです。一つは、S/N と呼ばれる表現です。 これは信号電力対雑音電力で表されます。

　もう一つは、NF(noise Figure) と呼ばれる表現です。 これは入力側の S/N を出力側 S/N で割った値の対数を取った値で表されます。定義より NF は、小さいほど雑音が少ないことになります。これら二つの表現は、共によく用いられます。

　証明は省略しますが、NF を用いたフリスの 公式という式が有ります。これに依ると従属に接続されている増幅器の場合、初段の雑音が支配的でしかも初段の利得を大きくするほど全体の雑音が少なくなることが証明されています。すべての増幅器は、この理論に基づいて設計されています。

第 6 章

電子回路は考える学問

　電子回路の理論においては、誤解されていることも多々有りますので、主な電子回路を簡単に説明します。詳細は、専門書をご覧下さい。

　回路設計者の目標は、簡略された等価回路を 用いて、基本的な回路を基準にして目的に合致した新しい回路を考え出すことにあります。これまでに考案された回路は、数え切れないほど多数存在します。過去の回路をすべて記憶することは、全く不可能です。記憶するのではなく、基本的な回路だけを選んでその動作を理解しておき、考え工夫することが重要なのです。

　電子回路の分類は、様々な分類方法が考えられています。この章では従来からある電子回路の分類に従って、主な回路を簡単に説明していきます。フィルタや AD/DA 変換器などその他、 日本では殆ど知られていませんがトランスリニアなどの新しい回路については 説明をしません。

　電子回路を考えるときに一つ重要な事が有ります。電子回路は、必ず P 型と N 型とを交換すると同じ機能を持つ 回路が得られます。ただ P 型と N 型とは、性能が異なりますので、その差のため二つの回路の性能に差が出てきます。

6.1　電圧源および電流源

　回路を動かすためには、電圧源や電流源が必要になります。ここで言っている電圧源や電流源は、家庭のコンセントから電力を供給するときのような電源のことではありません。IC の中で用いられる電圧源や電流源のことです。

6.1.1　電圧源

　電圧源のところで述べましたように、電圧源とは一定の電圧を供給する装置のことです。電圧源の一番簡単な回路は、電源ラインと グランドの間に二本の抵抗を直列接続して

その間の電圧を利用する方法です。しかしこの方法では、少し電流が取り出されただけで抵抗により電圧の大きさが変化してしまいます。この不具合をなくすためには、次の図のように両端の電圧差が固定になるツェナーを用いるか、トランジスタを使用して エミッタのところの電圧を使うことです。

お気づきになりましたか。この二つの回路には、共通な性質があります。それは電圧を取り出している所の抵抗が低いということです。ツェナーの場合は、逆方向に電圧が掛けられてダイオードがブレークダウン[*1]している領域が使われています。ブレークダウンが起こると横軸電圧縦軸電流のグラフでは、ほぼ縦に真っ直ぐな直線となります。これはまさに電圧源であり、抵抗の値はほぼゼロとなります。エミッタから電圧を供給する場合は、前の章で覚えてもらいましたエミッタ側から見た抵抗の式を使いますと、非常に小さな抵抗値となっていることが分かります。つまり二つの場合、共に電圧源に必要な抵抗が小さいという条件を満たしていることになります。

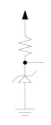
図 6.1　ツェナーを用いた電圧源

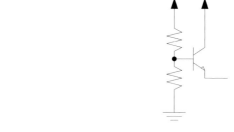
図 6.2　電流増幅した電圧源

この回路にも多少問題があります。ツェナーの場合、ツェナーによって発生する雑音に注意しなければなりませんし、BJT を用いた場合は、エミッタ抵抗 r_e の値をできるだけ小さくなるようにしないとこの抵抗により電流を使った分だけ電圧が多少動いてしまいます。小さくするには、なるべく大きな直流電流を BJT に流すことです。

また BJT の場合、ベース・エミッタ間電圧が温度によって変化します。この値は $-2\,[mV/\deg]$ なので非常に小さいと思いがちですが、普通集積回路の場合、常温では 25 度ですが電源を投入すると 125 度に上昇します。その結果 $-0.2\,[V]$ 変化することになります。元々ベース・エミッタ間は、$0.7\,[V]$ 程度しかありませんので、非常に大きな変化だといえます。この温度による変化を減少する方法として、次のような方法が考えられています。

[*1] ダイオードに逆向きに大きな電圧をかけると、ある電圧のところで急に電流が流れ始めます。このことをブレークダウンと呼んでいます。

6.1 電圧源および電流源

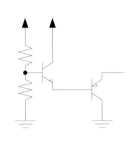

図 6.3 PNP を追加した電圧源

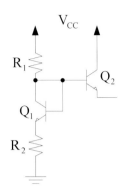

図 6.4 温度補償電圧源

図 6.3 は、NPN と PNP のベース・エミッタ間の温度変化をお互いキャンセルしています。PNP と NPN は、基本的に特性が違いますので、図 6.3 の方法は余り良い方法とはいえません。

図 6.4 の方法は、完全に温度変化をゼロにすることは出来ませんが、最も簡単に温度変化を無くす方法です。式で表現すると、次のようになります。

$$\frac{V_{CC} - V_{F1}}{R_1 + R_2} \times R_2 + V_{F1} - V_{F2}$$

二つのトランジスタが同じ性能のトランジスタとすると、最後の二つの項がお互い消えてしまいます。ただし分数の中に V_{F1} が残っている分だけ温度変化が残ります。

これ以上、更に改善するためには、より複雑な回路を用いる必要が出てきます。これについては、専門書を御覧下さい。

6.1.2 電流源

電流源は、電圧がどのように変化しようとも常に一定の電流を供給する装置でなければなりません。これも電圧源と同様に電気で言うところの電流源に近い回路は実現できますが、完全な電流源を実現することは出来ません。

電流源のところでも述べましたように、電流源は無限大の交流抵抗を保つ必要があります。半導体の等価回路で見ましたように、トランジスタには従属電源が含まれていますので、その従属電源を用いることが出来ます。簡単な電流源は、次の図で与えられます。

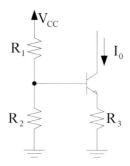

図 6.5　簡単な定電流源

　この場合も電圧源と同じ問題が発生します。つまりベース・エミッタ間電圧が温度によって変化します。この対策も電圧源と同じように、次の回路を採用することによって解決できます。

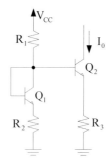

図 6.6　温度補償された電流源

　この回路についてのコレクタ電流は、次のように与えられます。

$$\frac{V_{CC} - V_{F1}}{R_1 + R_2} \times \frac{R_2}{R_3}$$

この式を見ていただくとわかりますように、新しく R_3 という抵抗が入っています。R_1 と R_2 とは、同じ温度に関する性質の抵抗だとしますと分母分子で温度変化がキャンセルされます。しかし R_3 があるとその分、温度変化が起こります。この影響を無くす方法としては、さらに R_3 を集積回路の外に出し、外部の抵抗として温度変化のない抵抗を用いればもっと改善されます。

6.2　電卓だけで出来る回路設計

　ここでは増幅器について述べていますが、実はこの後の帰還増幅器、演算増幅器、発振器、変復調器も増幅器の変形でして、極端な話同じ範疇と言っても過言ではありません。

6.2 電卓だけで出来る回路設計

以前の章で $f \ll f_T/\beta_0$ が成立する場合には低周波領域ということで、電卓だけで回路設計が出来ると述べました。このことを確認するために、次に簡単な増幅器を考えてみることにします。この話はもちろん帰還増幅器、演算増幅器、発振器、変復調器にも応用できます。

6.2.1 簡単な増幅器

トランジスタ一つの増幅器について考えてみます。

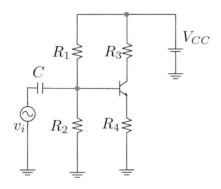

図 6.7 基本増幅器

電源のところで説明しましたように、この回路は熱に対して特性が変化しやすい回路ですが、回路図自体自然界にない素子で構成されていますので、この回路であっても温度変化がない場合だけを考えることが出来ます。この説明では、そのように温度変化がないと考えます。そうするとコレクタ端での周波数特性は、次のボード線図 のようになります。

この図の中で実線がボード線図です。破線は実際の特性を表しています。

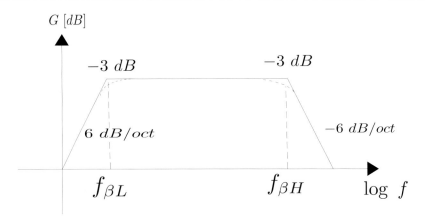

図 6.8 増幅器利得の周波数特性

この図を見て分かりますように、横軸に平行な直線と、周波数が低いところと高いところでの傾いた直線が得られます。低い周波数での傾きは、$+6\,[dB/oct]$ の傾きを持っており、高い周波数での傾きは、$-6\,[dB/oct]$ となります。

証明は付録 E を参照下さい。低い周波数での傾きは、主に C_1, R_1, , R_2 によって決まっています。この直線と水平な直線との交点は、次の式で与えられます。

$$f_L = \frac{1}{2\pi\tau_L} = \frac{1}{2\pi C_1 R_P} \tag{6.1}$$

ただし

$$R_P = \frac{R_1 R_2}{R_1 + R_2} \tag{6.2}$$

高い周波数での傾きは、BJT の特性がそのまま影響しています。BJT の f_T は、傾いた直線上に有ります。この直線は $-6\,[dB/oct]$ の傾きを持っていますので、BJT の f_T の点から、この傾きで周波数の低いところへ直線を引くことによって、交点の周波数を求めることが出来ます。この交点は、次の式となります。

$$f_H = \frac{f_T}{\beta_0} \tag{6.3}$$

ここで f_T の値は、以前述べましたハイブリッド π 等価回路図の中の記号を使って、次のように与えられます。

$$f_T = \frac{g_m}{2\pi(C_\pi + C_\mu)} \tag{6.4}$$

また β_0 の値は、以前述べましたように直流電流増幅率となります。

ボード線図で水平になっているところの利得を、次の式で電卓を用いて計算します。

$$G = \frac{R_3}{r_e + R_4} \tag{6.5}$$

次に (6.1) 式と (6.3) 式とを電卓で計算し、ボード線図においてこの二つの点の周波数のところの利得の点を求め、周波数が低いところはこの点まで $+6\,[dB]$ の直線を引きます。周波数が高いところの点より上の周波数については、$-6\,[dB]$ の直線を引きます。これが求めるボード線図です。

詳しい説明は省略しますが、実際の線は、二つの交点から同じように $-3\,[dB]$ の点を求め、三つの直線と新しく求めた点を滑らかにつなぐことによって求められます。このようにボード線図も実際の曲線も電卓だけで簡単に求められます。

6.3　帰還増幅器

帰還増幅器という増幅器が存在するというより、帰還増幅器とみなせば、別の取り扱い方が出来ますよ、と言ったほうが良いのかもしれません。勿論帰還として扱わないと答えが見つけられない回路も存在します。

図 6.7 の抵抗 R_4 の両端の電圧を考えますと、この電圧は入力側および出力側の電圧にも影響をあたえることが分かります。つまり回路図 6.7 は、単なる増幅器ではなく、帰還増幅器にもなっていることが分かります。

帰還増幅器として扱わなければならない場合、帰還を通じて出力に応じて入力が刻々と変化しますので、解析が非常に難しくなります。このような場合、次に述べますような便利な方法が考案されています。

6.3.1　帰還回路の便利な解析方法

次のブロック図を考えます。もっとも帰還回路と言ってもこのようなブロック図のように回路を分割することは、現実には非常に難しい問題です。しかしこれは簡単な、しかも便利な解析方法を見つけるための手段でして、解析方法自体はそれほど難しいことではありません。

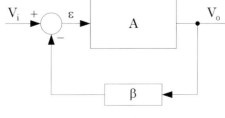

図 6.9　帰還ブロック

この図から、次の式が得られます。

$$V_o = \varepsilon A \tag{6.6}$$
$$\varepsilon = V_i - \beta V_o \tag{6.7}$$

この二つの式から ε を消去し、整理することによって次の式が得られます。

$$G = \frac{V_o}{V_i} = \frac{A}{1+\beta A} \tag{6.8}$$

この式において A の値を無限大にすると、次のようになります。

$$G = \frac{1}{\beta} \tag{6.9}$$

この式は次の演算増幅器において必要な式です。

A は開ループ利得、βA はループ利得または還送比、(6.8) 式で表される G は閉ループ利得と呼ばれます。この還送比という項目が、帰還増幅器においてその特性を決める重要な項になっていることが分かります。

この還送比を求めるために、次のブロック図を考えます。

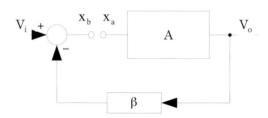

図 6.10　帰還回路の書き換え

この図から、次の式が得られます。

$$x_b = V_i - \beta A x_a$$

この式で、$V_i = 0$ と置き $x_a = 1$ とすれば $T = -x_b$ によって還送比が求められることになります。

具体的には、閉ループの中に含まれる、例えば BJT の従属電源の g_m を 1 と置いて、閉ループを一周したときのベースの電圧を求め、それにマイナスを掛けることによって還送比を求めることが出来ます。

この方法は実際の帰還増幅器に適用すると分かりますように、非常に簡単に帰還増幅器の式を求めることが出来ます。

6.3.2 帰還の特徴は？

帰還回路にすると (6.8) 式から分かりますように、必ず全体の利得は減少します。しかし次のような特徴が生じます。

- 利得変動の減少
- 歪みが減少
- 感度が減少
- 利得と帯域幅を掛けた値は常に一定

利得変動の減少、歪が減少、感度が減少および利得帯域幅は常に一定は、付録にその証明を載せておきます。

6.4 演算増幅器

電子計算機が発明された当初、まず最初に開発されたのはアナログ計算機でした。その中で用いられたのが演算増幅器なのです。演算つまり色々な計算を実行できる回路のことを演算増幅器と呼んでいます。

演算増幅器として機能するためには、次のような理想に近い条件が必要です。

- 利得が無限大
- 入力抵抗（あるいはインピーダンス）が無限大
- 出力抵抗（あるいはインピーダンス）がゼロ
- オフセットがゼロ
- 温度依存性が無い

利得が無限大というのは、(6.8) 式の中で $A \to \infty$ を意味しています。オフセットがゼロというのは、次の図に示す演算増幅器において、二つの入力を短絡したとき出力電圧が発生しないことを意味しています。

図 6.11　演算増幅器ブロック図

日本では演算増幅器というと、上記の条件を持った増幅器しか紹介されていませんが、

入力抵抗がゼロで出力抵抗が無限大の演算増幅器も３０年以上前から研究されています。

先程演算増幅器は、演算を行うことが出来ると述べました。簡単な例について、次に述べておきます。

6.4.1 加算器

二つの入力による加算器の例を、次の図 6.12 に示しておきます。

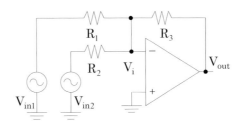

図 6.12　加算器

プラス・マイナスの入力端子が同じ電圧になっていない場合、その差の電圧が無限大に増幅され抵抗を経由して入力側に戻ってきます。その戻ってきた電圧の変化は、入力側の差電圧を無くす方向に働きますので、このようにプラス入力側が接地されている場合、マイナス入力も接地と同じ電圧になってしまいます。このようにマイナス側が接地電圧となることを仮想接地と呼んでいます。その結果この回路において成立する式として、次の式が得られます。

$$\frac{V_{in1}}{R_1} + \frac{V_{in2}}{R_2} + \frac{V_{out}}{R_3} = 0$$

この式から、次の式が得られます。

$$V_{out} = -\left(\frac{R_3}{R_1}V_{in1} + \frac{R_3}{R_2}V_{in2}\right) \tag{6.10}$$

この結果において、$R_1 = R_2 = R_3$ とすれば、$V_{out} = -(V_{in1} + V_{in2})$ となりますので、出力は二つの入力を加え合わせて反転させた信号となります。

抵抗の値として様々な値を選ぶことによって、二つの信号の重み付けをした加算器を実現することが出来ます。

また入力端子の数を増加すれば、多くの変数に対する加算を実現することが出来ることは、説明する必要はないでしょう。この性質を利用した応用回路として DA 変換器（ディジタル・アナログ変換器）があります。

6.4.2 積分器

積分器は、次のような回路図 6.13 で実現することが出来ます。

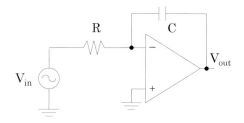

図 6.13　積分器

この回路の回路方程式は、次の式のように与えられます。

$$\frac{V_{in}}{R} + \frac{V_{out}}{1/sC} = 0$$

この式から、次の結果が得られます。

$$\frac{V_{out}}{V_{in}} = -\frac{1}{sRC} \quad (6.11)$$

ラプラス変換の知識が必要なのですが、この式を見ますと、確かに積分されることが分かります。詳細については、ラプラス変換の専門書をご覧下さい。

回路の中で積分することが多いので、この回路は良く用いられています。

6.4.3 微分器

微分器は、次のような回路図 6.14 で実現することが出来ます。

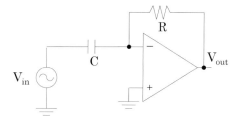

図 6.14　微分器

この場合には、積分のときと同じように式を立てて求めますと、次の結果となります。

$$\frac{V_{out}}{V_{in}} = -\frac{sC}{R} \quad (6.12)$$

積分器と同様にラプラス変換の知識が必要なのですが、この結果から、確かに微分されていることが分かります。

この微分回路という回路は、微分の性質から分かりますように、急激に変化している信号の傾きを求めていることになります。雑音などは、信号が急激に変化しています。その結果雑音を強調する働きをしますので、実際に用いられることはほとんどありません。

6.5 発振器

前の章においても述べましたように、発振器は基本的に雑音がないと発振しません。もし雑音がないとすれば、何らかのトリガが必要になります。

発振器については、黒川教授によってほぼ完全に解明されています。興味が有る方は、文献 [13] を参照して下さい。

6.5.1 発振器の動作は？

発振は、雑音から出発し徐々に振幅が大きくなっていきます。この間、増幅器は線形つまり電圧と電流が直線関係で動作します。

振幅が大きくなってくるとトランジスタの非線形 つまり電圧と電流の関係が曲線で動作するようになります。この状態では、直線関係のときに見られた周波数以外のより高い周波数が発生するようになります。この高い周波数成分が増えてきますと、その影響で初めに発生した信号の基本周波数が押し下げられてしまい、 ある程度下がった時点で周波数の低下が止まりいろいろな周波数が混在した状態で、同じ波形を繰り返すようになります。この状態のことを定常状態、それ以前の 状態を過渡状態と呼んでいます。

証明は複雑なので省略しますが、過渡状態のときの周波数は、回路図の共振回路と呼ばれる回路によって決まる 共振周波数で動作しますが、定常状態では 高い周波数が存在する分だけ共振周波数より低下した周波数となります。その割合は、共振回路の特性（Q と呼ばれます） に従います。Q の値が高いほど、次の特性が得られます。

- 周波数の温度などの外部に依る変動が少ない
- 高周波成分が少ない
- 温度変化が少ない
- 過渡状態と定常状態の周波数差が少ない

6.5.2 発振器の雑音の不思議さ

発振器の雑音の振る舞いというのは、その他の回路における雑音の振る舞いとは全く異なります。

6.5 発振器

まず最初に発振器で観測される雑音の周波数特性を、次の図に示しておきます。この図の中で原点は、発振周波数の位置を示しています。

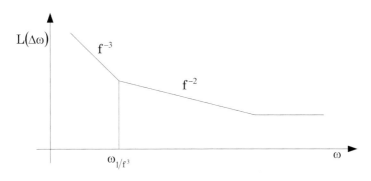

図 6.15　雑音の漸近図

この図の中で f^{-3} の項は、低周波における f^{-1} 雑音によって引き起こされる雑音、f^{-2} 項は、ショット雑音などによって引き起こされる雑音の影響です。

この様に発振回路においては、非線形性のために低周波のところで発生している雑音が、高周波のところにそのまま現れてきます。よって発振器の雑音を下げるためには、発振周波数のところでの雑音を低下させる以外に、直流部分での雑音を下げないと、発振器における雑音は低下することはありません。この辺の理論については文献 [12] を参照して下さい。

6.5.3　発振器の種類

発振器は様々な種類の発振器が考案されていまして、今でも新しい発振器が考案されています。どのような発振器が考案されてきたのか、ここでは発振器の名前だけを述べておきます。回路図は付録 E に載せておきます。詳しい動作は、専門書をご覧下さい。

LC 発振器　容量とコイルを用いた発振器
- 陽極同調回路
- ハートレー回路
- 格子同調回路
- コルピッツ回路

位相発振器　位相をずらして発振させる
- CR 発振器
- リング・オッシレータ

バルク発振器　物体全体の振動を利用する
- 水晶発振器

表面波発振器　物質表面を伝わる波を利用
- 弾性表面波発振器

この中で水晶発振器と弾性表面波発振器は、電気的な等価回路で表現しますと、次の図のような素子の集まりで表現されます。

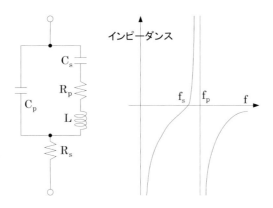

図 6.16　等価回路と周波数特性

インピーダンスの図に示していますように、二つの共振点を持っています。つまり並列共振点と直列共振点です。そこで回路構成としても、直列共振点を用いるかあるいは変列共振点を用いるかということによって、回路構成が異なってきます。

その他の発振器の簡単な説明については、付録 E を参照下さい。

6.6　変復調器

信号を遠方に伝えるためには、高い周波数が必要になります。このために用いられるのが、変復調器です。

変復調器は、変調器と復調器のことをこのように呼んでいます。なぜ変復調器と呼んでいるかといいますと、変調器の大部分は、復調器として使えるということがあるかもしれません。

変復調器も増幅器の一種です。例えばベースに搬送波、エミッタにベースバンドをを入力した場合、ベースバンドに依るエミッタ電流の変化をベースで変化させることが出来、増幅器の変形であることが分かります。

6.6.1 変調方式にはどの様な種類が

交流信号は、一般的な表現を用いますと、次のような式で表されます。この信号は周波数が高いいわゆる搬送波と呼ばれる信号です。

$$g = A\sin(2\pi f t + \theta)$$

この搬送波を音声や映像などの電気の呼び方でバースバンドと呼ばれる信号で変化させることによって、次の三つの変調方式が現れます。

振幅変調　搬送波の振幅 A をベースバンドで変調
周波数変調　搬送波の周波数 f をベースバンドで変調
位相変調　搬送波の位相 θ をベースバンドで変調

これらの変調方式の中で、周波数変調と位相変調とは、一方を微分または積分ともう一方の変調方式に変わりますので、実質的に同じ変調方式です。

振幅変調は Amplitude Modulation(AM)、周波数変調は Frequency Modulation(FM)、位相変調は Phase Modulation(PM) とも呼ばれます。AM 放送、FM 放送という言葉が使われていますように、振幅変調や周波数変調をそのまま放送方式に使っています。しかし近年 AM 放送周波数において FM 信号を送るということも行われるようになっています。

変調を行いますと搬送波と呼ばれる 信号とその両サイドに側波帯 と呼ばれる信号が現れます。この側波帯は、変調方式によって色々と異なります。

6.6.2 変復調器の種類

どのような変復調器が考案されているのでしょうか。ここでも詳細な説明は省略しますが、主な変復調器について述べておきます。

- ダイオードやトランジスタの非線形を利用する
- スイッチ特性を利用する
  Cowan 変調器　通常は、ダイオードで構成
  Ring 変調器　通常は、ダイオードで構成
  平行変調器　別名ダブルバランスとも呼ばれています。
- 位相をずらす方法
- リアクタンス管を用いる

非線形を利用するというのは、特性を示す式をテーラー展開しますと必ず自乗・三乗の項が 存在します。搬送波とベースバンドとを加えて それらの自乗の項に代入しますと、二つの信号の掛け算ができて変調を受けた信号が作成可能となります。

スイッチ特性を利用するということもいわゆる非線形を利用することと同じことです。上記の変調器の回路図を付録 E に掲載しておきます。

位相をずらす方法は、次のようなブロック図を用いることによって実現できます。

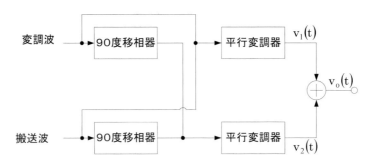

図 6.17 位相を 90 [度] ずらす変調器

二つの正弦波を考えブロック図に従って式を変形していけば、変調された信号になっていることが分かります。試してみて下さい。

リアクタンス管は、次の図に示すような回路を用いることによって実現できます。この回路は、周波数変調[*2]と呼ばれる変調方式において用いられます。

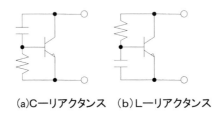

(a)C—リアクタンス　(b)L—リアクタンス

図 6.18　リアクタンス管

6.6.3　FM 復調にだけ使える方式

復調にだけに用いられる方法が幾つか存在します。ここでも詳細な解析は省略します。

Foster-Seeley 回路　同調回路を二つ用いた FM 復調回路
Seeley-Avins 回路　別名、比検波器　Foster-Seeley 回路の改良版
パルスカウント方式　パルスを用いて波形を抜き出す周波数復調方式

[*2] 音声などによって高周波を変調する方式

位相変化を利用した復調器　ダブルバランスを用いた復調器

これらの復調方式の回路図を付録 E に示しておきます。

6.7　符号化方式とは？

今まで述べた変復調方式とは別に、ディジタル化の普及により音声信号や映像信号などの信号（ベースバンド）を変調する前に一度符号化する方法が使われています。

符号化方式自体は変復調とは違いますので、別の専門書を参照して頂きたいのですが、ベースバンドを一旦ディジタル化することによって、今までにない新しい機能を追加出来ますので今日のディジタル化の普及にはなくてはならない技術です。

ディジタル化はどの程度の周波数まで実現できるのでしょう。現時点では、ディジタル化はベースバンド程度の周波数まで可能です。それ以上の周波数では、半導体の特性が追いつかないので現時点では実現できません。より高い周波数まで実現できるようになると、今までにない新しい世界が広がるのでしょうね。

6.7.1　スペクトラム拡散方式

その中で現代社会に大きな影響を与えている、スペクトラム拡散方式という重要な方式だけを簡単に説明しておきます。

これは第二次世界大戦中に女優の Hedy Lamarr という人が考案し、その特許をアメリカ国防省に無償で提供したことに始まります。

この方式は、最初アメリカ軍の通信に用いられ、戦後アメリカの人工衛星に使われました。特許が切れた後、真っ先に使われたのは、携帯電話です。このような展開が可能になったのは、次のような理由によります。

- 雑音に埋もれるような微小信号でも送受信可能
- 通話の漏洩に非常に強く、盗聴不可能
- 理論的には、無限のチャネルが取れる

このような優れた長所から、今や世界的にこのスペクトラム拡散方式が使われています。

その他ディジタル化については、現在インターネットのモデム用やブルートゥースの方式など新しい様々な方式が考案されています。それらについては、専門書をご覧下さい。

6.8　その他の電子回路

本著では紹介だけにとどめますが、日本のアナログ回路技術は、欧米に比べ約５０年程遅れています。その理由は、ディジタル化が普及し始めた頃、日本の研究機関および企業

においてアナログが軽く見られ、ディジタルの方にのみ関心が向いたためと思われます。

　幾つかの日本に紹介されていない、アナログ理論を記述しておきます。

トランスリニア　従来の電圧に依る設計ではなく、電流に依る設計

低電圧 MOS　MOS が指数関数で動作し、低電圧化が可能

カレントコンボイヤ　入力ゼロ出力無限の抵抗を持つ演算増幅器

付録 A

付録（規格集）

　この規格集はＪＩＳの電子部品編のうち必要な部分を抜粋したものです。詳細については、ＪＩＳそのものを参照願います。

A.1　公称値に対する規定

　次に定めるE標準数を用います。この場合抵抗はオーム $[\Omega]$、容量はマイクロファラッド $[\mu F]$、およびピコファラッド $[pF]$、コイルはマイクロヘンリ $[\mu H]$ を単位としています。

$E3$	1.0								2.2			
$E6$	1.0				1.5				2.2			
$E12$	1.0		1.2		1.5		1.8		2.2		2.7	
$E24$	1.0	1.1	1.2	1.3	1.5	1.6	1.8	2.0	2.2	2.4	2.7	3.0
$E3$					4.7							
$E6$	3.3				4.7				6.8			
$E12$	3.3		3.9		4.7		5.6		6.8		8.2	
$E24$	3.3	3.6	3.9	4.3	4.7	5.1	5.6	6.2	6.8	7.5	8.2	9.1

表 A.1　E標準数の系列

3 数字法
これらの数値は、3 数字法という表現で用いられます。いくつか例をあげますと

$R47$	$0.47\,[\Omega]$	$0.47\,[\mu F\ or\ pF]$	$0.47\,[\mu H]$
$4R7$	$4.7\,[\Omega]$	$4.7\,[\mu F\ or\ pF]$	$4.7\,[\mu H]$
471	$470\,[\Omega]$	$470\,[\mu F\ or\ pF]$	$470\,[\mu H]$

R は小数点の位置を示しています。3 桁目の数字は 10 の指数を示しています。

表 A.2　3 数字法

この 3 数字法以外に **4 数字法**というものがありますが、それについては JIS を参照願います。

許容差を表す記号

許容差は、次の記号を使って表現されます。

B	C	D	F	G	J	K
± 0.1	± 0.25	± 0.5	± 1	± 2	± 5	± 10

L	M	N	Q	S	T	Z
± 15	± 20	± 30	$+30$ -10	$+50$ -20	$+50$ -10	$+80$ -20

表 A.3　許容差を表す記号

色による表現

色を用いて数値を表現することもあり、次のようになっています。

数値	0	1	2	3	4	5	6	7	8	9
色	黒	茶	赤	黄赤	黄	緑	青	紫	灰色	白

表 A.4　色による表現

A.2　抵抗の規格

抵抗の規格である JIS 規格の抜粋です。詳しくは JIS を参照願います。

抵抗器の色表示

抵抗器は、次の色表示を用いて様々な値を示しています。

A.3 容量の規格

色名	数字	10 のべき数	抵抗値の許容差	抵抗値温度係数
銀色	−	−2	±10	−
金色	−	−1	±5	−
黒	0	0	−	±250
茶色	1	1	±1	±100
赤	2	2	±2	±50
橙	3	3	−	±15
黄	4	4	−	±25
緑	5	5	±0.5	±20
青	6	6	±0.25	±10
紫	7	7	±0.1	±5
灰色	8	8	−	±1
白	9	9	−	−
色無	−	−	±20	−

表 A.5 抵抗器の色表示

以上の色表示を用いて、有効数字 2 桁および 3 桁の抵抗は、次のように表示されています。

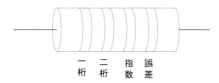

図 A.1 抵抗の色表示

A.3 容量の規格

容量値および許容差については、公称値に対する値および許容差に基づいています。
容量の種類として、次のものがあります。

容量の種類	誘電体材料
Al 固体電界コンデンサ	Al 酸化皮膜
磁器コンデンサ (種類 1)	磁器
メタライズド・プラスチック・コンデンサ	プラスチック・フィルム
タンタル非電界コンデンサ	タンタル酸化皮膜
マイカ・コンデンサ	マイカ
プラスチック・フィルム・コンデンサ	プラスチック・フィルム
タンタル固体電界コンデンサ	タンタル酸化皮膜
複合フィルムコンデンサ	異種プラスチック・フィルムの組み合わせ

表 A.6 容量の種類

A.4 コイルの規格

コイルに関しては、抵抗や容量のような特別な規格は存在しませんが、抵抗や容量と同様にカラー・コードが用いられています。コイルの場合自分で作成したり、あるいは企業の場合には、特別注文でコイル・メーカに発注する場合が多いことにより、多くの場合その値を示す特別な記号は用いられません。

付録 B

基礎の詳細説明

電気の基礎の章に関する証明などをここにまとめています。

B.1　マックスウエルの式

マックスウエルの式は、全ての電磁気についての基礎式なので次に示しますように非常に複雑な式になっていまして、ベクトル式と言われる四つの 式から構成されています。

$$rot\mathbf{E} = -\frac{\partial \mathbf{B}}{\partial t} \tag{B.1}$$

$$rot\mathbf{H} = \mathbf{J} + \frac{\partial \mathbf{D}}{\partial t} \tag{B.2}$$

$$div\mathbf{B} = 0 \tag{B.3}$$

$$div\mathbf{D} = \rho \tag{B.4}$$

ここで

$\mathbf{E}$：電界ベクトル　　　　$\mathbf{B}$：磁束密度ベクトル　　　$\mathbf{H}$：磁界ベクトル

$\mathbf{D}$：電束密度ベクトル　　$\mathbf{J}$：電流密度ベクトル　　　ρ：電荷密度

式の詳しい説明は、省略しますが、知りたい方は電磁気学の本を読んで下さい。

B.2　集中定数であるための条件

集中定数であるかあるいは分布定数であるかを実際の回路計算を行う前に知ることは、計算の結果にどれ程の誤差が出てきそうかということを知るためにも重要です。

分布定数であることを証明するよりも集中定数であるための条件を見つけ、その条件に当てはまらない場合を分布定数だとして区別する方が条件を導きやすいので、集中定数であるための条件を求めることにします。

集中定数であるために電気で取り扱っている定義は、次のようなものです。

一方の端子へ流れ込む信号は、同時に他方の端子より流れ出す信号に等しい。

この定義を式で表現するために、次のような進行波を考えます。

$$f(t, x) = A\sin[\omega(t - x/c)] \tag{B.5}$$

ここで

A：振幅

ω：角周波数

t：時間

x：距離

c：光の速度

これは電磁進行波の一般形です。ここで長さ ℓ の素子へある時間 t_0 に上記の進行波が入った場合、入力端では $x = 0$ として

$$f(t_0, 0) = A\sin(\omega t_0) \tag{B.6}$$

出力端では同じ時間 $t = t_0$ において、$x = \ell$ としますと

$$f(t_0, \ell) = A\sin[\omega(t_0 - \ell/c)] \tag{B.7}$$

となります。よって上の式の差を入力レベルで割った比を考えますと、次のようになります。

$$\frac{f(t_0, \ell) - f(t_0, 0)}{f(t_0, 0)} = \frac{\sin[\omega(t_0 - \ell/c)] - \sin(\omega t_0)}{\sin(\omega t_0)}$$

$$= \frac{2\cos[\omega(t_0 - \ell/2c)]\sin(-\omega\ell/2c)}{\sin(\omega t_0)} \tag{B.8}$$

$\ell/2c$ は非常に小さな値ですので、上式は次のようになります。

$$2\frac{-\sin(\omega\ell/2c)}{\tan(\omega t_0)} \tag{B.9}$$

この値が 1 よりも小さければ、定義より集中定数と見なされることになります。ところで t_0 はある任意の時間を示しているだけですので単なる定数であり、上の式は次の条件が満足されるとき、1 より小さい値となります。

$$\frac{\omega\ell}{c} \ll 1 \tag{B.10}$$

ここで $\theta \ll 1$ のとき $\sin\theta \cong \theta$ であることを用いています。

これが集中定数の条件です。この条件が満足されるとき、対象物は集中定数回路として扱うことが出来ます。また逆にこの式を満足しない場合には、分布定数回路として扱わねばなりません。

付録 C

集中定数の詳細説明

ここでは 2 章について少し詳しく説明しておきます。

C.1 物質の式の詳細説明

ここでは物質の式で説明しました内容を少し詳しく説明しています。

C.1.1 物質を表現するパラメータ

物質を表すパラメータ伝導率 σ、誘電率 ε、透磁率 μ は、電気・磁気との間に、次の式が成立します。

$$\mathbf{J} = \sigma\mathbf{E} \tag{C.1}$$
$$\mathbf{D} = \varepsilon\mathbf{E} \tag{C.2}$$
$$\mathbf{B} = \mu\mathbf{H} \tag{C.3}$$

これらの式もマックスウエルの式と同じようにベクトル式です。

C.1.2 端子電圧と枝電圧の関係

端子電圧と枝電圧の間には、図 2.1 から、次の式が得られます。

$$v_1 = e_2 - e_1$$
$$v_2 = e_3 - e_2$$
$$v_3 = e_1 - e_3$$
$$v_4 = e_1 - e_4$$
$$v_5 = e_4 - e_3$$

これらの式の中で、端子電圧には四個の独立変数がありますが、このうち一つは回路の基準点でなければならないので、独立な変数は三つとなります。例えば $e_4 = 0$ として記

述することが出来ます。

またキルヒホッフの電圧則より、次の式が成立します。

$$0 = v_4 - v_3 + v_5$$
$$0 = v_1 + v_2 + v_3$$

この回路の枝電圧は五個ありますが、枝電圧の間に二つの式がありますので、独立な枝電圧は三個となります。

逆に端子電圧を枝電圧で記述する ことが出来ます。この例の場合、次の式が得られます。

$$e_1 = v_4$$
$$e_2 = v_1 + v_4$$
$$e_3 = -v_5$$
$$e_4 = 0$$

このことから枝電圧と端子電圧の変数は、お互いに変換することが出来るということが分かります。ここで注意することは、独立変数の数が、端子電圧の場合と枝電圧の場合とで異なることです。これはちょっと詳細な説明が必要ですが、問題は生じません。

また大切なことは、この二つの電圧は対等な立場として考えることが必要だと言うことです。これは枝電圧あるいは端子電圧だけが実態としてあり、一方がそれから導かれるということではなく、お互いに独立した概念として捉えるべきだということです。

C.1.3 閉路電流と枝電流の関係

図 2.2 から、次の式が得られます。

$$i_1 = j_5 - j_3 + j_4$$
$$i_2 = j_3 + j_1 + j_2$$

逆に枝電流は閉路電流によって決められます。

$$j_1 = i_2$$
$$j_2 = i_2$$
$$j_3 = i_2 - i_1$$
$$j_4 = i_1$$
$$j_5 = i_1$$

この場合には、キルヒホッフの電流則が成立しなければなりませんので、次の式が成立

C.1 物質の式の詳細説明 **73**

します。

$$0 = -j_1 + j_3 + j_5$$
$$0 = j_1 - j_2$$
$$0 = j_2 - j_3 + j_4$$
$$0 = j_4 - j_5$$

　式が四個ありますので、独立変数は一個になります。一方閉路電流は、特に成立しなければならない式はありませんので、独立変数の数は二個となります。このように枝電流と閉路電流の独立変数の数は異なります。この場合も問題が生じることはありません。

　このように、閉路電流と枝電流とはお互いに一対一で変換する事が出来るということが分かります。

　また大切なことは、この二つの電流は、電圧の時と同様に対等な立場として考えることが必要だということです。つまり閉路電流は、計算上の仮想電流ではなく、実体を持った電流であるということです。

付録 D

定理などの詳細説明

ここでは 3 章について少し詳しく説明しています。

D.1 その他の定理について

電気・電子回路理論には、非常に多くの定理が存在します。そのうち代表的な定理について説明しています。

D.1.1 線形について

回路が線形であるかあるいは非線形であるかによって、取り扱いの難しさが極端に違ってきます。電気において線形とは、電圧と電流とが比例関係になっていることを示し、非線形とはそれ以外の関数関係になっていることを言っています。

数学的に表現しますと、線形とは、次の式が成立することです。

$$y(t) = ax_1(t) + bx_2(t) \tag{D.1}$$

電気回路においては、t は時間、y , x は、電圧あるいは電流を示しています。例えば二つの入力電圧 $x_1(t)$, $x_2(t)$ があった場合の出力電流 $y(t)$ は、各々の電圧にある定数を掛けた値の和で与えられることが出来ることを意味しています。電流が入力で、電圧が出力でも同じことです。

定理 3 重ね合わせの原理

回路中に電圧源 v_1 , v_2 , ... 電流源 i_1 , i_2 , ... があり、回路中の任意の点の電圧、電流は各電源が一つのみ存在すると仮定したとき、つまりそのほかの電源を殺してその点に発生する電圧、電流を求めます。次に別の電源の一つによって発生する電圧、電流を求めます。この様にして各電圧源、電流源によって発生する電圧、電流の代数和を求めますと、全ての電圧源、電流源によって生じる電圧、電流の値と同じになります。

D.1.2 テブナンの定理

ここではテブナンの定理を本来の正確な理論ではなく、実際に用いやすい簡単な記述で述べておきます。

定理 4　簡単なテブナンの定理
任意の回路をある端子から見たとき、その端子を開放状態にしたときに現れる電圧の値を持つ電源を電圧源とし、回路の中の電源を全て殺したとき、端子間から見たインピーダンスの値を持つインピーダンスとを直列に接続した回路によって表現することが出来ます。

D.1.3　ノートンの定理

ノートンの定理も本来の正確な理論ではなく簡単に述べておきます。

定理 5　簡単なノートンの定理
任意の回路をある二つの端子から見たとき、その端子を短絡状態にしたときに流れる電流の値を持つ電源を電流源とし、その電流源と回路の中の電源を全て殺したとき、二つの端子から見たアドミタンスの値を持つコンダクタンスとを並列に接続した回路によって表現することが出来ます。

D.1.4　テレゲン (Tellegen) の定理

テレゲンの定理は電気回路の理論において汎用的な定理であり、集中定数素子であれば非線型素子であろうと能動素子であろうと時変素子であろうとも成立する重要な定理です。テレゲンの定理は、次のように述べられています。

定理 6　テレゲン (Tellegen) の定理
任意のキルヒホッフの電圧則、キルヒホッフの電流則を満足する回路において枝電圧を v_k、枝電流を i_k としますと、次の関係式が成立します。

$$\sum \mathbf{v_k i_k} = 0 \tag{D.2}$$

ただし和は総ての枝について取るとします。

D.1.5　補償定理

回路理論においても余り使われませんが、補償定理という定理が存在します。

D.1 その他の定理について

定理 7　補償定理
電流 I が流れている枝に、インピーダンス Z を挿入するとき、挿入によって生じる回路中の電圧、電流の変化分は、回路中の電源を全て殺して、Z に直列に電圧源 ZI を I と逆向きに加える場合の電圧、電流に等しい。

D.1.6　相反定理

帰還素子を持つ能動素子を含む場合には成立しませんが、受動素子の場合には成立する定理について述べます。内部に電源を含まず、抵抗、容量、コイル、変成器のみを含む回路において、次の図 D.1 に示すように二つの端子対を付け加えます。

図 D.1　相反定理の説明図

このとき、次の三つの定理が成立します。

定理 8　相反定理 1
A − A' 間に電圧源 v_0 を入れたとき、B − B' 間を短絡したときに流れる電流を i_b、逆に B − B' 間に電圧源 v_0 を入れたとき、A − A' 間に流れる電流を i_a とするならば、次の式が成立します。

$$i_a = i_b \tag{D.3}$$

定理 9　相反定理 2
A − A' 間に電流源 i_0 を入れたとき、B − B' 間に現れる電圧を v_b、逆に B − B' 間に電流源を入れたとき、A − A' 間に現れる電圧を i_0 とするならば、次の式が成立します。

$$v_a = v_b \tag{D.4}$$

定理 10　相反定理 3
A − A' 間に電流源 i_0 を入れたとき、B − B' 間を短絡したときに流れる電流を i_b、逆に B − B' 間に電圧源 v_0 を入れたとき、A − A' 間に現れる電圧を v_a とするならば、次の式が成立します。

$$v_a = i_b \tag{D.5}$$

最後の定理は、値が同じだと言っているだけであることを忘れてはなりません。

D.2 直流回路図と交流回路図

直流回路図と交流回路図の例として、次の回路図を示しておきます。

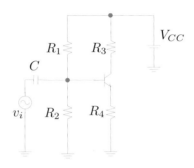

図 D.2 元の回路図例

この回路図の直流回路図は、次のように与えられます。

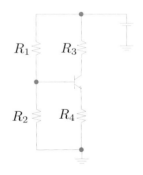

図 D.3 直流回路図

また交流回路図は、次のように与えられます。

D.2 直流回路図と交流回路図

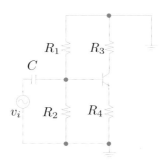

図 D.4　交流回路図

本文でも述べましたように、交流回路図は簡単に動作を示すことが出来ますので、よく用いられます。

付録 E

電子回路の詳細説明

本文の電子回路で説明不足のところを、少し詳しく説明しておきます。

E.1　ボード線図の詳細説明

増幅器の周波数特性で、低い周波数と高い周波数でのボード線図の曲がりについて説明をします。

E.1.1　低域周波数域でのボード線図

利得が横軸と平行になっているところでの利得を求めるために、周波数が低域から中域の利得を求めてみます。利得の式は簡略化した等価回路で求めた式を用いて、次のように与えられます。

$$G = \frac{R_P}{\frac{1}{j\omega C_1} + R_P} \frac{R_3}{r_e + R_4} \tag{E.1}$$

ここで

$$R_P = \frac{R_1 \times R_2}{R_1 + R_2}$$

中域周波数域では、容量の値が大きいため 容量の項は非常に小さくなります。その結果中域周波数域では、次の式が得られます。

$$G_0 = \frac{R_3}{r_e + R_4} \tag{E.2}$$

低い周波数領域では容量の項が支配的となり絶対値を考えますと、次の式で与えられます。

$$G_L = R_P \times \omega C_1 \times \frac{R_3}{r_e + R_4} \tag{E.3}$$

(E.1) 式の実数部分と虚数部分が等しい所の周波数を f_L とすると、次のようになります。

$$f_L = \frac{1}{\sqrt{2}\pi C_1 R_P} \tag{E.4}$$

この周波数のときの利得は、(E.1) 式の実数部分と虚数部分が等しくなり絶対値を考えますと、次のように与えられます。

$$G_L = \frac{1}{2}\frac{R_3}{r_e + R_4} \tag{E.5}$$

この式を G_0 で割って対数を取り 20 倍すると、G_0 の値に比べボード線図上で $20\log(1/\sqrt{2}) = -3\,[dB]$ 低下したところとなっています。

このことからボード線図において (E.2) で与えられる直線と (E.3) 式で与えられる直線を引き周波数 f_L の点で (E.2) で与えられる直線より $-3\,[dB]$ の点を通る曲線を二つの直線と滑らかに接続することによって、実際の利得の曲線を得ることが出来ます。

E.1.2　高域周波数域でのボード線図

高い周波数での利得の低下は、トランジスタ内部の容量による低下です。ハイブリッド π では、C_π と C_μ があります。この二つの周波数によって周波数の高域で利得が減少します。そこで電流増幅率 β が 1 に なる周波数が、トランジション周波数 f_T と定義されています。

(5.22) 式の分母分子にある抵抗値を掛けることによって、電圧利得が得られますので、この式の実数部分と虚数部分を等しく置くことにより、ボード線図が低下するときの周波数 f_H が得られます。その結果は、次のようになります。

$$f_H = \frac{g_\pi}{2\pi(C_\pi + C_\mu)} \tag{E.6}$$

$$= \frac{1}{2\pi(C_\pi + C_\mu)}\frac{g_m}{\beta_0} \tag{E.7}$$

$$= \frac{f_T}{\beta_0} \tag{E.8}$$

ここで $\beta_0 = r_\pi g_m$ の関係式と f_T の定義を使っています。中域周波数の所での電圧利得は、(E.2) 式で与えられました。f_H の周波数のところでは、実数部分と虚数部分が等しくなりますのでちょうど $1/\sqrt{2}$ になります。この結果ボード線図上では、中域周波数での利得から $-3\,[dB]$ 低下した点となります。

低域周波数で述べたことと同様に、この周波数の点を通って二つの直線を滑らかに曲線でつなぐことによって、求める高域周波数での実際の曲線を得ることが出来ます。

E.2 帰還増幅器の詳細説明

帰還増幅器については、様々な研究が行われています。特に「制御理論」という学問は、電気とは別に一つの大きな学問分野として成長しています。

帰還回路はこの「制御理論」のほんの一部 を電子回路で実現しただけでしかありません。電子回路を学ぶ人は、一度はこの「制御理論」について学んでおく必要がありますが、あまりにも膨大な量がありますので、必要なところを取捨選択する必要があります。

帰還回路だけについても膨大な研究が有ります。 ここではその研究の一部のみを簡単に説明しておきます。

E.2.1 利得変動の減少

元の回路の利得 A が変動しているとしますと、帰還回路 β を追加することによって、その変動を押さえることが出来ます。(6.8) 式より

$$\frac{dG}{dA} = \frac{1}{(1+\beta A)^2} \tag{E.9}$$

この式と (6.8) 式より

$$\frac{dG}{G} = \frac{dA}{A} \frac{1}{1+\beta A} \tag{E.10}$$

と与えられますので、利得の変動は 元の帰還回路が無い場合に比べ、$1/(1+\beta A)$ 倍に減少することが分かります。勿論この変動が減少するという代償として、(6.8) 式から分かりますように利得自体も $1/(1+\beta A)$ 倍となっていることが分かります。

E.2.2 歪みの減少

帰還が無い場合の出力レベルは、A によって与えられます。帰還がある場合には、(6.8) 式より

$$V_o = \left(\frac{V_i}{1+\beta A}\right) A$$

と与えられます。この二つの式を比較してみますと、同じ出力レベルを得るのに帰還の場合には $1/(1+\beta A)$ 倍の入力レベルが相当していることになります。入力レベルのみで見ると、帰還が無い場合より、より大きい信号レベルで同じ出力が得られることになります。つまり出力側に同じレベルの歪みを生じるには、帰還回路においては $V_i \times (1+\beta A)$ 倍の入力信号レベルが必要となります。よって帰還回路によって出力側へ与える歪みのレベルは、その影響が小さくなります。

E.2.3 感度の減少

利得 A が大きい場合には、全体の利得は (6.9) 式のように与えられますので、β の値が変動を受けない素子から出来ていれば、回路全体は何の変動も受けません。

利得 A が小さい場合には、(E.10) 式より感度 S_A は、次のようになります。

$$
\begin{aligned}
S_A &= \frac{dG/G}{dA/A} \\
&= \frac{1}{1+\beta A}
\end{aligned}
\tag{E.11}
$$

E.2.4 利得帯域幅積一定の証明

一般的に真空管あるいは半導体を用いた増幅器は、素子内部の等価容量の影響で、次の式で表現することが出来ます。

$$
A(\omega) = \frac{A_0}{1+j\omega/\omega_0}
$$

ボード線図を描いたときと同じ手法を用いて、この式の分母の実数部分と虚数部分を等しいと置きますと $\omega = \omega_0$、すなわち $f = f_0$ の周波数で折れ曲がるボード線図を表していることが分かります。

この回路に対して β の帰還回路が付け加えられたとしますとこのときの利得は、次のようになります。

$$
A_f(\omega) = \frac{\frac{A_0}{1+j\omega/\omega_0}}{1+\beta \frac{A_0}{1+j\omega/\omega_0}}
$$

この式は、次のように書き換えることが出来ます。

$$
\begin{aligned}
A_f(\omega) &= \frac{\frac{A_0}{1+\beta A_0}}{1+j\frac{\omega}{\omega_0(1+\beta A_0)}} \\
&= \frac{A_0'}{1+j\omega/\omega_0'}
\end{aligned}
\tag{E.12}
$$

ここで

$$
A_0' = \frac{A_0}{1+\beta A_0}
\tag{E.13}
$$

$$
\omega_0' = \omega_0(1+\beta A_0)
\tag{E.14}
$$

この二つの式から、次の重要な結果が得られます。

$$
A_0'\omega_0' = A_0\omega_0
\tag{E.15}
$$

E.3 発振器の説明 85

　この式は、利得と帯域幅を掛け合わせた式は、帰還の量によらず一定となることを示しています。

　一般的に回路は、高周波領域において $-6\,[dB/Oct]$ の特性となりますので、この結果は非常に重要です。例えば広帯域の増幅器を設計するためには、利得を下げてやれば良いことが分かります。増幅器のところで述べましたように、エミッタ側の抵抗を大きくすることによって帰還量を増加させるか、あるいはコレクタ側の 抵抗を小さくして広帯域の増幅器が設計できることになります。

E.3　発振器の説明

　ここでは本文で出てきた色々な発振器について、少し詳しく説明をしておきます。

E.3.1　LC 発振器の回路図

　陽極同調回路、ハートレー回路、格子同調回路、コルピッツ回路を次の図 E.1 に示しておきます。クラップ回路は容量が二つの場合にはコルピッツ回路と呼ばれます。同じ二つの容量を使っても、大きな値の容量を能動素子の接合容量と並列に挿入することによってクラップ回路が得られます。クラップ回路は大きな値の容量のため、コルピッツに比較して能動回路の影響を低減することになります。

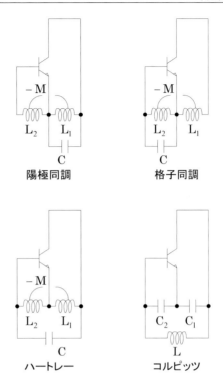

図 E.1　各種発振器

E.3.2　位相発振器の回路図

この発振器は、能動素子からの出力の位相を外部回路で回転させ、正帰還になるようにして元の能動素子入力へ戻すことにより発振を行う装置です。位相を回転させる方法として、CR 素子を用いる CR 発振器、能動素子だけで位相を回転させるリング・オッシレータなどがあります。回路構成が非常に簡単であるため、色々な電子機器で用いられています。

CR 発振器のブロック図を次の図に示しておきます。この中で N の部分が抵抗と容量を用いて構成される位相器となります。例えば図 E.3 のような回路構成が用いられます。

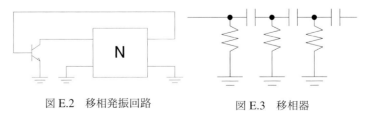

図 E.2　移相発振回路　　図 E.3　移相器

リング・オッシレータの回路構成は、非常に簡単です。ただ単に増幅器を従属に接続し、最終出力を最初の入力に接続するだけです。ただし発振させるために増幅器の数は、通常偶数段が選ばれます。この場合の発振周波数は、回路の中に含まれる CR によって決まりますので、低い周波数で発振させるためには、多数の増幅器が必要になります。

回路の中に共振回路が含まれていないときは、フリーラン周波数 と言って増幅器の中の CR のみによって発振周波数が決まってしまいます。パソコンなどのクロックとして用いるために、リング・オッシレータの中にセラミック共振子と呼ばれる 共振子を付け加えています。セラミック共振子とは、この後述べている水晶共振子と同じ特性を持った素子ですが、セラミックを用いていることから値段が安いことが特徴です。その分だけ性能は良くはありません。パソコンの内部時計が簡単に狂ってしまうのは、このセラミック共振子を使っているからです。

E.3.3 水晶発振器の回路図

水晶発振器といっても、LC 発振器や CR 発振器と特別な理論的違いがあるわけではありません。水晶の電気的な等価回路は、図 6.16 のように表現することが出来ます。つまり水晶は、電気の立場から見ると単に共振器として扱えるということだけです。

抵抗、コイル、容量などを用いた場合に較べると、寄生抵抗の影響が小さいこと、共振器の Q が非常に高く、その結果、非常に安定度の高い発振器を簡単に作ることが出来ます。しかし機械的な振動を利用していますので、高い周波数を直接得ることは出来ません。高調波を用いるなど特殊な回路も存在しますが、余り良い方法とは思えません。その特徴のおかげで、水晶発振器は昔からよく用いられています。

E.4 変復調器の詳細説明

本文で出てきた各種変復調器について、少し詳しく説明しておきます。

図 E.4　Cowan 変調器　　　　図 E.5　Ring 変調器

Cowan 変調器、Ring 変調器は、共に搬送波抑圧変調器 (Double Side Band Modulation:DSB) となっていまして、搬送波がない出力が得られます。搬送波が存在しないの

で、受信側では何らかの形で搬送波を再現して元の信号を復元する必要があります。回路の動作については、ダイオードが ON あるいは OFF となると考えることによって簡単に求められますので、各自確認してみて下さい。

　以上述べてきました変調回路は、トランジスタを用いても実現することが可能です。その回路の代表的な回路で今でもあらゆるところで用いられている、平衡変調器を次の図 E.6 に示しておきます。この図に示す回路は、別名ダブルバランス回路あるいは考案者の名前を取ってギルバート・セルとも呼ばれています。

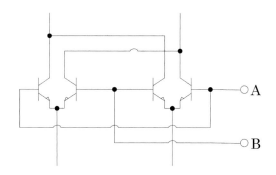

図 E.6　平衡変調器

　このダブルバランス回路は、次のような工夫をすると、任意の変調度を持った振幅変調回路として実現することが出来ます。変調度の変化は、この回路図 E.7 において、下の段にある差動増幅器のベース直流電圧を傾けることにより変化します。この証明は、信号の時間変化を考えることによって簡単に得られます。

E.4 変復調器の詳細説明

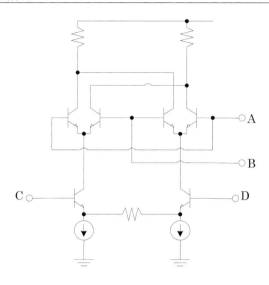

図 E.7 振幅変調器

E.4.1 FM 復調回路

FM 復調器は、少し今までの変復調器とは異なります。代表的な FM 復調回路図を載せておきます。

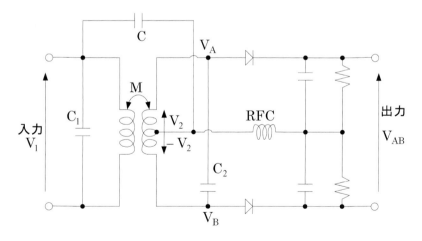

図 E.8 Foster-Seeley 回路

上記回路図の中の電圧の位相関係は、次の図のようになっています。この図を見ると $V_{AB} = 2V_2$ の大きさが周波数によって変化していることが分かります。周波数変調が振幅

変調へと変換されています。出てきた振幅変調からベースバンドを取り出すことによって復調されることになります。

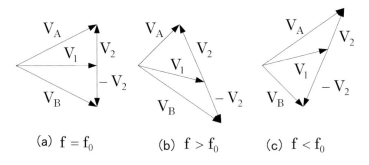

図 E.9　位相の変位

Foster-Seeley 回路は、変成器に依るバランスのズレがそのまま出力に含まれている直流成分が出力に現れるという欠陥があります。その欠陥を修正した回路が、次に示す Seeley-Avins 回路です。

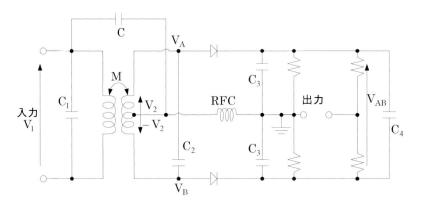

図 E.10　Seeley-Avins 回路

次に示しているパルスカウント方式は、初段でシミュット回路を使っています。シミュっと回路は、ある電圧レベルを超えるとパルスを一つ発生する回路です。FM 信号はほとんど振幅の変化がない疎密波ですので、信号の疎密に応じてシュミット回路により単位時間あたりのパルスの数が変化します。そのようにして得られた信号を積分しますと、単位時間あたりパルスが多くなるほど、大きな振幅の信号に変化します。このようにして振幅変調が得られることになります。

E.4 変復調器の詳細説明

図 E.11　パルスカウント方式

次に示す回路は信号を二つに分け、一方の信号を LC 共振回路を用いて周波数に応じて位相を変化させたのち、もとの信号と掛け合わせることによって周波数の変化に応じた信号を得ようとする回路形式です。

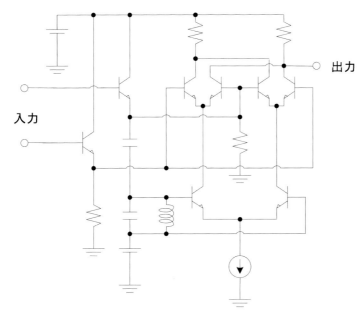

図 E.12　位相変化を利用した復調器

おわりに

　回路理論は、多くの人が興味を持ち、基本的な所は十分に知られているように思えるかもしれませんが、実は間違った知識が広まっているように思えます。その間違った知識を少しでも修正したく執筆したのが本著です。本著で取り上げなかったことも多々あると思いますが、それについては今後の課題となるでしょう。

　また世の中に電気に関する特許は山のように存在しており、電気を知るためには、それらをすべて頭に叩き込まねばならないように思うかもしれません。しかし大切なことは、素子あるいは回路を見てどのように解釈するかを考えることです。回路例を多く記憶しても余り意味がありません。考えることが重要なのです。このことが本著で得られたのであれば、少しは目的を達したことになるのでしょう。

　本著が、少しでも電子回路の発展に役立つことを願ってやみません。

新原　盛太郎

参考文献

[1] 新原盛太郎,「SPICE とデバイス・モデル」, CQ 出版, 2005.

[2] shinbara,Amplitude Modulation,U.S.Patent No,4-547-752, 特公昭 58-171105,1995.

[3] A. C. Smith, R. B. Adler and R. L. Longini, Introduction to Semiconductor Physics, vol. 1, John Wily and Sons, Inc., 1964.

[4] A. R. Boothroyd, P. E. Gray, D. DeWitt and J. F. Gibbons, Physics Electronics and Circuit Models of Transistors, vol. 2, John Wily and Sons, Inc., 1964.

[5] E. J. Angelo, P. E. Gray, C. L. Seale, A. R. Boothroyd and D. O. Pederson, Elementary Circuit Properties of Transistors, vol. 3, John Wily and Sons, Inc., 1964.

[6] P. E. Gray, R. D. Thornton, D. DeWitt and E. R. Chenette, Characteristics and Limitations of Transistors, vol. 4, John Wily and Sons, Inc., 1964.

[7] John D. Ryder, Networks lines and fields, Prentice-Hall, 1955.

[8] I. E. Getreu, Modeling the Bipolar Transistor, Amsterdam Elsevier, 1978.

[9] J. J. Ebers and J. L. Moll, Large-signal behavior of junction transistors, Proc. IRE, 42, 1761-1772, Dec. 1954.

[10] J. M. Early, Effects of space-charge layer widening in junction transistors, Proc. IRE, 40, 1401-1406, Nov. 1952.

[11] P. R. Gray and R. G. Meyer, Analysis and Design of Analog Integrated Circuits, Wiley, 1977.

[12] A.Hajimiri and T.H.Lee,A General Theory of Phase Noise in Electrical Oscillators,IEEE Solid-State Circuits,Vol.33,No.2,1998.

[13] K.Kurokawa,Some basic characteristics of broad bans negative resistance oscillator circuit,Bell Syst.Tech.J,vol.48,1937-1955,1978.

[14] L. O.Chua,C. A.Desor and E. S.Khu,Linear and Nonlinear Circuits,McGraw-Hill,1978.

[15] J.G.Linvill and J.F.Gibbons,Transistor and Active Circuits,McGraw-Hill,1961.

索引

アーリー効果, 41
アーリーの等価回路, 36
アップル社, 25
アナログ回路, 36
アナログ計算機, 15, 55
アバランシェ雑音, 45
網目電流, 6
アルミ, 16
アンペアの法則, 1

位相発振回路, 86
位相発振器, 59
位相変調, 61
1 次関数, 8
インダクタ, 31
インテル, 25

浮いている, 3
WINDOWS, 25
ウブンツ, 25

映像信号, 8
AD/DA 変換器, 47
AD 変換器, 56
SN, 45
S パラメータ, 24
枝電圧, 5, 22, 72
枝電流, 6, 22, 72
H パラメータ, 39
NF, 45
N 型, 47
エネルギー, 8, 13
エバース・モル・モデル, 36
FM 復調器, 89
f^{-1} 雑音, 59
$1/f$ 雑音, 45
エミッタ, 37
エミッタ接地, 45
エミッタ抵抗, 48
エミッタフォロア, 43
LED, 8
LC 共振器, 91
LC 発振器, 59, 85
演算増幅器, 55

OS, 25
オーム, 10
オームの法則, 7, 21
オフセット, 55

温度変化, 49
温度補償電圧源, 49

開放, 14
開ループ利得, 54
回路設計, 23
重ね合わせの原理, 22
重ね合わせの定理, 75
仮想接地, 56
活性領域, 36, 37
カットオフ領域, 37
過渡状態, 58
カレント, 31
カレントコボイヤ, 64
干渉, 16
還送比, 54
乾電池, 7
感度, 55, 84
ガンメル・プーン・モデル, 36
簡略化モデル, 42

帰還回路, 53, 83
帰還増幅器, 53, 83
帰還量, 85
基準, 3
寄生, 19
基本周波数, 58
逆方向領域, 37
キャパシタ, 31
Q, 58
共振回路, 58
共振周波数, 58
ギルバート・セル, 88
キルヒホッフの電圧則, 22, 37
キルヒホッフの電流則, 22, 37
近似式, 21

グランド, 48

ゲート, 38
ゲート接地, 45
桁上り, 33

コイル, 11, 19
高域周波数, 82
格子同調回路, 59
高周波, 40
広帯域, 85
交流, 26

交流回路, 27, 78
交流回路図, 28
Cowan 変調器, 61, 87, 88
国際単位系, 33
コルピッツ回路, 59
コレクタ, 37
コレクタ接地, 45
コンセント, 7
コンダクタ, 31

サブストレート, 41
雑音, 44, 58
雑音電圧源, 45
雑音電流源, 45
雑音電力, 45
サン・マイクロ, 25

CR 発振器, 59
Seeley-Avins 回路, 63
磁界, 16
指数関数領域, 38
磁束, 12
シミュレーション, 23, 36
シミュレータ, 24, 26
弱電, 3
集積回路, 8
従属電源, 13, 49
集中定数, 2, 5, 69, 70
シューティング・メソッド, 26
充電, 20
周波数変調, 61
状態変数, 26
ショット雑音, 45, 59
真空管, 35
振幅変調, 61
信頼性工学, 34

水晶発振回路, 87
水晶発振器, 59
スイッチ, 15
スイッチド・キャパシタ回路, 15
スティーブ・ジョブズ, 25
ステレオ, 3
スペクトラム拡散方式, 63

制御理論, 83
積分器, 57
積分法, 26
接続線, 16
接地方式, 45
セラミック共振子, 87
線形, 75

相対, 3
送電線, 8
相反定理, 77
増幅器, 51
ソース, 38
ソース接地, 45

側波帯, 33, 61
素子, 2
ソラリス, 25

帯域幅, 55
対数, 32
ダブルバランス, 63, 88
単位, 31
端子電圧, 5, 72
弾性表面波発振器, 60
短絡, 14

中域周波数, 81
超電導, 7
直流, 26
直流回路, 27, 78
直流回路図, 28
直流電流増幅率, 52
直列接続, 17

ツェナー, 48

TEM 波, 2, 5
TE 波, 2
TM 波, 2
低域周波数, 81
抵抗, 9
抵抗領域, 38
ディジタル, 63
ディジタル回路, 35
ディジタル計算機, 15, 33
低周波, 40
低周波領域, 51
定常状態, 58
低電圧 MOS, 64
テーラー展開, 28, 61
デシベル, 32
デビアン, 25
テブナンの定理, 22, 76
テレゲン (Tellegen) の定理, 22, 76
電圧, 2
電圧源, 13, 47
電圧源を殺す, 14
電圧・電流の関係式, 10
電荷制御モデル, 36
電源ライン, 29, 47
電磁進行波, 70
電卓, 50
電波, 2
電流, 2
電流源, 14, 49
電流源を殺す, 14
電流増幅率, 44, 82
電流密度, 9
電力, 8, 13

銅, 16
等価回路, 35, 47
等価容量, 84

動作領域, 37
透磁率, 8, 34
同相信号除去比, 41
導電率, 8
特性インピーダンス, 32
独立変数, 7, 71
トランジション周波数, 39, 44, 82
トランス, 3, 16
トランスリニア, 47, 64
トリガ, 58
トリガ回路, 44
ドレイン, 38
ドレイン接地, 45

二次元, 6
二進法, 33
入力換算雑音, 45

能動素子, 13
ノートンの定理, 22, 76

バースト雑音, 45
ハートレー回路, 59
ハイブリッド π, 38, 82
ハイブリッド π 等価回路, 52
白色雑音, 45
発振器, 44, 58
バッテリー, 20
パラメータ, 9
バルク発振器, 59
パルスカウント方式, 63
パワー, 31
搬送波, 33, 61
搬送波抑圧, 87
搬送波抑圧変調器, 88
半田付け入力, 22
半導体, 8, 35

BSD, 25
P 型, 47
BJT, 36
ビオ・サバールの法則, 1
光, 2
比検波器, 63
微小信号, 27
歪み, 55, 83
非線形, 58, 75
非相関, 44
微分器, 57
ビヘービア・モデル, 35
表面波発振器, 60

ファラッド, 11
フィルタ, 47
フーリエ変換, 26
Foster-Seeley 回路, 63
符号化方式, 63
物質の式, 71
ブラウン管テレビ, 8

ブラックボックス, 35
フリーラン周波数, 87
フリスの公式, 45
ブリッジ回路, 17
ブルートゥース, 63
ブレークダウン, 48
フローティング, 3
ブロック図, 62
分布定数, 2, 70

平行板, 10
平衡変調器, 61, 88
閉ループ利得, 54
並列接続, 17, 19
閉路電流, 6, 72
ベース, 37
ベース接地, 45
ベースバンド, 61
ベースバンド信号, 91
ベクトル式, 69
変成器, 16
ペンチ入力, 22
変調, 33
変復調器, 60
ヘンリー, 12

飽和領域, 37, 38
ボード線図, 41, 51, 53, 81
補償定理, 22, 76
ポテンシャル, 3
ボルテージ, 31

マイクロ波, 2, 23, 24
マック OS, 25
マックスウエルの式, 1, 21, 69

三つの波, 1

無限遠方, 3

MOS, 36, 38

誘電率, 8, 34
ユニックス, 25

陽極同調回路, 59
容量, 10, 19
四端子パラメータ, 24
四端子網, 35

ラプラス変換, 26, 57

リアクタンス管, 61
リーナス・トーバルズ, 25
利得, 55, 83
リナックス, 25
リング・オシレータ, 59, 87
Ring 変調器, 61, 87, 88

ループ利得, 54

レジスタ, 31

新原　盛太郎（しんばら　せいたろう）

1848年8月	山口県徳山市に生まれる（本籍は福岡県博多区）
1972年3月	九州大学工学部卒業
同　年4月	東京大学工学部　青木研究室
1973年4月	東京芝浦電気入社
1989年10月	CADENCE（US）社に1年間駐在
2008年4月	東京工芸大学非常勤講師
同　年8月	東芝退社
現在	東京工芸大学非常勤講師

［特許］
US 5件登録。EU 2件登録。国内多数

［著作］
『ダイオード/トランジスタ/FET活用入門』CQ出版
『SPICE とデバイス・モデル』CQ出版

間違いが多い電気知識

2018年7月18日　初版第1刷発行

著　者	新原盛太郎
発行者	中 田 典 昭
発行所	東京図書出版
発売元	株式会社 リフレ出版
	〒113-0021　東京都文京区本駒込 3-10-4
	電話 (03)3823-9171　FAX 0120-41-8080
印　刷	株式会社 ブレイン

© Seitaro Shinbara
ISBN978-4-86641-163-7 C0054
Printed in Japan 2018
落丁・乱丁はお取替えいたします。

ご意見、ご感想をお寄せ下さい。

［宛先］〒113-0021　東京都文京区本駒込 3-10-4
　　　　東京図書出版